# 方圆之韵

## ——探秘武夷饼（压制）茶

温建平 著

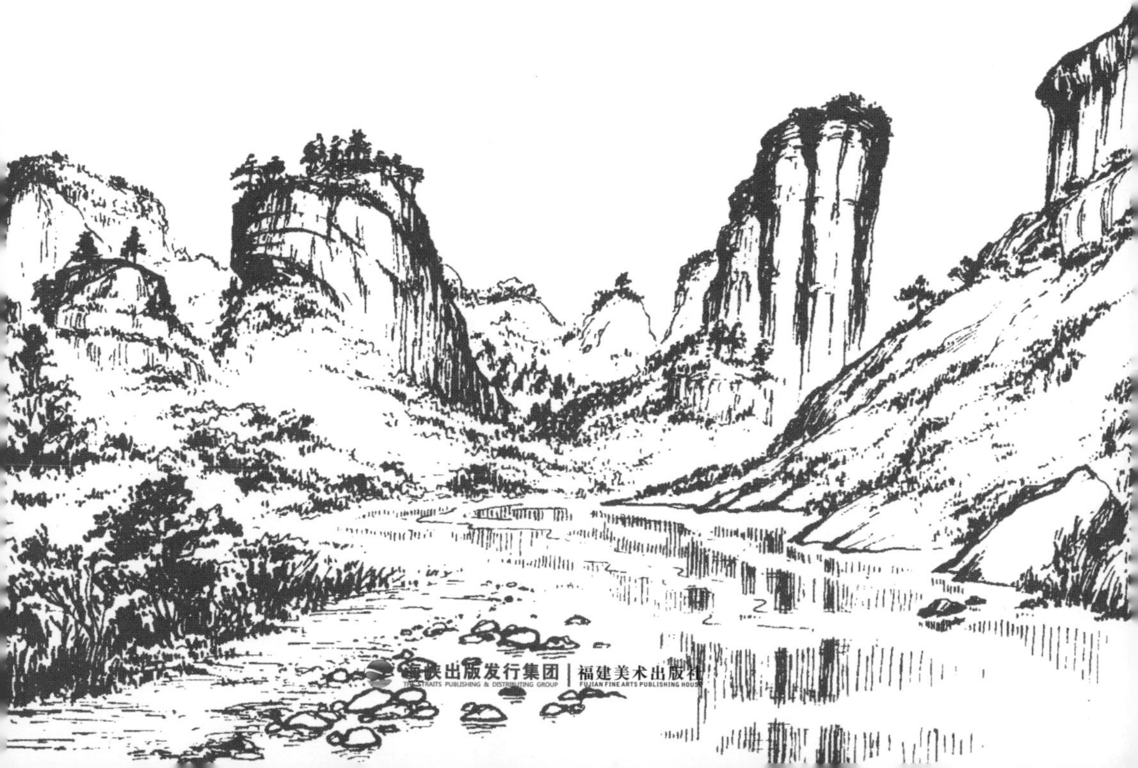

海峡出版发行集团 THE STRAITS PUBLISHING & DISTRIBUTING GROUP | 福建美术出版社 FUJIAN FINE ARTS PUBLISHING HOUSE

## 图书在版编目（CIP）数据

方圆之韵：探秘武夷饼（压制）茶 / 温建平著．--福州：福建美术出版社，2012.9
　　ISBN 978-7-5393-2776-1

　　Ⅰ．①方… Ⅱ．①温… Ⅲ．①茶－基本知识－福建省 Ⅳ．① TS971

中国版本图书馆CIP数据核字（2012）第228387号

# 方圆之韵
## ——探秘武夷饼（压制）茶

| | |
|---|---|
| 出版发行： | 海峡出版发行集团 |
| | 福建美术出版社 |
| 地　　址： | 福州市东水路76号16层 |
| 邮　　编： | 350001 |
| 服务热线： | 0591-87620820（发行部）　87533718（总编办） |
| 经　　销： | 福建新华发行集团有限责任公司 |
| 印　　刷： | 福建省金盾彩色印刷有限公司 |
| 开　　本： | 889×1330mm　1/32 |
| 印　　张： | 3.75 |
| 版　　次： | 2012年11月第1版第1次印刷 |
| 书　　号： | ISBN 978-7-5393-2776-1 |
| 定　　价： | 35.00元 |

# 目 录

序 /1

## 第一部分
## 武夷饼（压制）茶史话

第一节 华夏茶文化略说 /8

第二节 武夷奇茗仙人栽 /19

第三节 "龙团凤饼"天下绝 /31

第四节 万里茶路觅茶砖 /43

第五节 风华再现红袍惊艳 /51

## 第二部分
## 品鉴武夷岩茶饼（压制）茶

第一节 武夷茶之分类 /57

第二节 武夷岩茶饼（压制）茶的制作工艺 /59

第三节 武夷岩茶饼（压制）茶的种类与质量特征 /71

第四节 武夷岩茶饼（压制）茶的选购收藏与品饮 /85

## 第三部分

## 武夷岩茶饼（压制）茶主要厂商简介

一、武夷山市北斗茶叶研究所
　　武夷山市爱德华实验茶场 /98

二、星愿（中国）茶业有限公司 /98

三、武夷山市岩茶厂武夷山市香江茶业有限公司 /99

四、武夷山市永生岩茶厂 /99

五、武夷山市九龙袍茶业有限公司 /99

**附录** /100

**后记** /114

# 序

武夷山，闽浙赣三省之分水岭。号称东南屋脊的武夷山主峰——黄冈山，以2158.7米的雄姿挺立于华东。黄冈山四周，群峰耸立。山北是雄伟的闽赣大峡谷，向东南望去，峰峦叠嶂，烟波浩渺，那里是美丽的八闽大地。发源于武夷山脉北部的大溪小涧，沿着崇阳溪、麻阳溪、松溪，流入建溪，成为闽江的源头。它是福建的母亲河。建溪两岸生长着一种灵芽，当地人叫菜茶，是一个极优良的小叶茶树代表种群。它来自何方，无人知晓。北宋名臣范仲淹在《和章岷从事斗茶歌》中写道："年年春自东南来，建溪先暖冰微开。溪边奇茗冠天下，武夷仙人从古栽。"南宋文学家韩元吉在《次韵沈新臣游龙焙》中也说："武夷仙人厌尘埃，金鞭白马飞崔嵬。丹砂已就不可识，尚有瑶草分灵栽。"武夷先民几千年前就发现了菜茶的药用与食用价值。经过长期的自然杂交和人工选育，形成了多种形态和风格各异的称为单丛、名丛的优良品种。最出名的，就是大红袍、铁罗汉、水金龟、半天妖、白鸡冠五大名丛。

关于茶树的起源，众说纷纭，国际茶学界有一地说（发源于中国云贵高原或者印度阿萨姆）、两地说（同时发源于中国云贵高原和印度阿萨姆）。但是，在植物分类学上，武夷菜茶一直作为一个独立种群而存在。1762年，瑞典植物学家林奈（Linnaeus）将茶树分为两个种，其中一个为Thea bohea，Bohea是武夷的音译。1908年英国植物学家G.Watt及印度尼西亚植物学家C.Stuart将茶树分为四个变种，其中之一是武夷变种（Var bohea）。我国茶学专家庄晚芳（1908—）教授研究认为，所有的茶树都是一个种——茶（C.Sinensis），在种之下分为云南（SSP.Yunnan）和武夷（SSP.Bohea）两个亚种，亚种之下再分8个变种，其中一个是武夷变种（Var Bohea）。武夷菜茶在世界植物学的地位十分重要，至今仍留下许多不解之谜，有待后人研究考证，探索发现。

武夷茶的制作工艺传承有序，宋元以前以制作饼茶（压制茶）为主，明清以来以制作散茶为主。宋朝是武夷茶的鼎盛时期，皇家茶园——北苑，研制出了压制茶的极品——龙团凤饼。大文豪苏东坡为官多年，得到一片小龙团。他欣喜若狂，随即诗兴大发，描绘该茶饼"环非环，玦非玦，中有迷离玉兔儿，一似佳人吊上月，月圆还缺缺还圆，此月一缺圆何年。君不见斗茶公子不忍斗，小团上有双衔绶带支飞鸾。"爱茶爱到痴迷的地步了。苏东坡还写了《叶嘉传》，以拟人的手法，道尽建茶之美妙、高雅，真乃千古绝唱。

明清之际，武夷山茶人发明了世界上第一份全发酵红茶——正山小种；第一份半发酵的青茶（乌龙

闽东茶园

茶）——武夷岩茶；第一份半发酵的白茶——寿眉。千百年来，武夷茶既是百姓之生计，更是文人雅士、达官显贵争相寻觅的妙品。台湾诗人连横曾说："茗必武夷，壶必孟臣，杯必若琛，三者为品茗之要，非此不足自豪，且不足待客。"

十八、十九世纪武夷红茶风靡欧洲，英国著名诗人拜伦在其《唐璜》诗中写道："我觉得我的心儿变得那么富于同情，我一定要去求助于武夷的红茶。"从此，红茶席卷全球，成为全球半数人的饮品，造就了立顿这样一批茶叶大亨。

中国是茶的故乡，是茶文化的发祥地。随着中国经济的起飞，人民生活水平的提高，茶文化也大行其道。饮茶习俗已从沿海传入内地，从都市进入乡村，进入寻常百姓家，开门七件事"柴米油盐酱醋茶"，总算补齐了"茶"。武夷茶的高质量重新被广大茶友认识，从各大茶城不断增加的"大红袍专家""金骏眉专家"专卖店可见一斑。武夷岩茶大红袍制作工艺被国家列入"非物质文化遗产目录"。市场好了，茶农制好茶的积极性也高了。每年"斗茶赛""茶博会"，总能给人耳目一新的感受。为弥补武夷岩茶只有散茶，没有饼茶（压制茶）的缺憾，上世纪与本世纪之交，原武夷山茶科所所长陈德华，在武夷岩茶散茶的基础上，开发研制出武夷岩茶饼茶（压制茶）。1997年第一批武夷岩茶水仙茶砖上市，并成功进入香港市场。2005年武夷岩茶大红袍茶砖、茶饼小批量供应市场，受到专家和消费者的好评。

我出生在建溪之畔，从小看着茶园、闻着茶香长大，可惜不懂茶。上世纪70年代父辈在崇安县（今武夷山市）任职，曾经品过崇安县综合浓茶生产的母树大红袍。当时听人说：大红袍茶可以化开米饭，我也试着丢了几粒大米到大红袍茶中，结果大失所望，茶水也不见得有多么的好喝，从此很少喝岩茶了。2000年后因养病，回乡做义工，才发现茶的美妙。当年武夷岩茶、武夷红茶滞销，茶商茶农很困难，就想为武夷茶发展做点事。于是，拜武夷山茶业前辈赵大炎、陈德华、陈建霖、黄贤根、陈鸿棉等一批优秀茶人为师。2006年以来，在德华

老师的指导下，学习武夷岩茶，重点是武夷岩茶饼茶（压制茶）的生产储藏及品饮技艺。为横向比较，六年来，我走遍中国大陆及宝岛台湾的主要茶区，实地考察了解各地茶叶的种类及生长环境、六大茶类的制作工艺历史与现状、茶叶市场和茶文化发展，广交朋友，广结善缘。神州访茶的旅途中，常有朋友问我"快乐吗？""当然，很快乐。""那你图的是什么？"我总会调侃地说一句"想听懂茶说的话。"我的确认为茶会说话，只是你听不听得懂而已。

目前，我国茶叶市场可以说是产销两旺。每当面对这欣欣向荣的茶市，面对众多爱茶而对琳琅满目红红绿绿的茶世界不知所措的消费人群，确确实实感到普及茶叶知识之必须。目前，介绍乌龙茶、武夷岩茶的书籍刊物已经不少，但介绍武夷岩茶饼茶（压制茶）的专著还是个空白。在老师和爱茶朋友的一再催促下，秉承着对茶的热忱，试着把这些年的实践、感受、学习心得记录下来。希望能对武夷茶产业，尤其对武夷岩茶饼（压制）茶的发展，贡献一份薄力。同时，为喜爱饼（压制）茶的朋友提供一份参考数据。

辛卯年初夏于武夷山<br/>旅港闽人 温建平

# 第一部分

## 武夷饼（压制）茶史话

五十年代湖北茶业公司赵李桥茶厂制造的红茶砖

中国是茶叶的原产地。世界上已知的茶树品种在我国都能找到。虽然国外某些学者仍坚持认为印度是茶叶的原生地，但是，最早利用茶叶，发展出茶文化，无论如何起源于中国。一千多年前，世界上第一部茶叶专著《茶经》在唐朝问世，茶圣陆羽[①]（733—804）写道："茶之为饮，发乎神农氏[②]，闻于鲁周公。齐有晏婴，汉有杨雄、司马相如，吴有韦曜，晋有刘琨、张载、远祖纳、谢安、左思之徒，皆饮焉。滂时浸俗，盛于国朝。两都并荆俞间，以为比屋之饮。"短短数语，概括了几千年的华夏饮茶史。尤其是神农尝百草，日中七十毒，得茶（茶是唐朝之前对茶的一个叫法，还有槚、蔎、檞、茗等，陆羽改"荼"为"茶"，从此茶的称谓得以统一）而解之的传说，千百年来几乎尽人皆知。本世纪之初，浙江河姆渡考古发掘出了最早的用茶实物，又把中国的饮茶史推进到七千年前。华夏先民最早认识茶、利用茶、栽培茶，进而发展出精致的茶加工工艺和优雅的茶文化。茶对人类的健康和文明的发展起到了极大的作用。西方有学者形象地称之为"绿色黄金"，他们认为茶叶对近代西方的发展作用巨大。一是有利于人类健康，饮茶改变了西方百姓喝生水的旧习惯，开水冲茶叶可以有效地杀菌，仅此一项就使欧洲人口翻了一番（汕头大学出版社《绿色黄金》，84—88页）；再就是茶叶贸易带动欧洲经济发展，先是荷兰人把茶叶带到欧洲，赚到

《陆羽烹茶图》 台北故宫博物院藏

第一桶金。接着，英国人垄断了茶叶贸易。

1780—1840年这一段时间，英国人主要靠茶叶贸易赚取的巨额利润，完成了第一次工业革命，并建立起当时世界上最大的帝国。茶叶贸易也使白银大量流入中国，英国人就采用鸦片代替白银与中国交换茶叶，因此爆发了鸦片战争。鸦片战争后，香港成了英国人的殖民地，香港早期还是以茶叶贸易为主，当时最大的英国公司——怡和洋行③，就是经营茶叶贸易起的家，九龙汉口路当年是怡和洋行的茶叶货仓。

武夷山的茶产业，唐朝之前记载不多，宋元建茶大兴，明朝初期经过艰苦的转型，明末以来武夷茶风行海内外。武夷茶的制作工艺，明朝以前以饼茶为主，明朝之后以散茶为主，作为中国茶文化的一部分，要了解武夷茶，先要对中国的饮茶史有所了解。

注：①陆羽：（733—804），字鸿渐，汉族，唐朝复州竟陵（今湖北天门市）人，一名疾，字季疵，号竟陵子、桑苎翁、东冈子，又号"茶山御史"。一生嗜茶，精于茶道，以世界第一部茶叶专著——《茶经》闻名于世，对中国茶业乃至世界茶业发展都作出了卓越贡献，被誉为"茶仙"，尊为"茶圣"，祀为"茶神"。

②神农氏：别名五谷帝仙，是传说中的农业和医药的发明者，继伏羲以后，神农氏是又一个对中华民族颇多贡献的传奇人物。他发明了农耕技术而号神农氏，因以火德王，故又称炎帝，然而关于神农氏是否就是炎帝这个问题，学术界一直存在争议。

③怡和洋行：（Jardine Matheson，旧名"渣甸洋行"）1832年7月1日在中国广州成立，由两名苏格兰裔英国人威廉·渣甸(William Jardine, 1784—1843)及詹姆士·马地臣(James Matheson, 一译詹姆士·孖地臣, 1796—1878)创办。怡和洋行早年参与对中国贸易，主要从事鸦片及茶叶的买卖。林则徐在1839年实行禁烟时，怡和的创办人威廉·渣甸亲自在伦敦游说英国政府与清朝开战，亦力主从清朝手中取得香港作为贸易据点。1841年香港开埠之初，怡和即以565英镑购入香港首幅出售的地皮。如今，怡和已成为华商李嘉诚先生旗下的子公司。

## 第一节
## 华夏茶文化略说

中国的饮茶史，大致可以分为三个阶段。由吃茶到煎茶，由煎茶到点茶，由点茶到泡茶。

关于华夏先民早期如何饮茶，文献缺乏记载，但是我们还是可以从零星的文史数据记录中和边疆少数民族的饮茶习惯中发现端倪。现在我们说"吃茶去"的"吃茶"意思是"喝茶"，而古代可能真的就是吃茶了。

云南丽江地区永胜县是个多民族杂居之地，当地人早上见面打招呼会说"口格吃茶啦！"，这个茶叫"永胜油茶"，当地人拿一把小砂罐在火塘边烤热，抓一把米（或面粉）和一点猪油，用筷子搅拌，待猪油融化，米烤焦黄，再放入茶叶炒一炒，接着冲入开水煮一阵，撒上盐巴，就是香喷喷的永胜油茶。这种茶粥特别适合小孩食用，据说小孩吃了长得胖。云南佤族喜欢喝苦茶，每次用茶量50克左右，不是冲泡，而是用大砂罐放在火上慢慢地炖，有时茶汤浓得像稠膏，喝一口奇苦无比，过后嘴里却十分清凉。喝过这茶水，一天也不口渴。

云南佤族苦茶茶艺。苦茶是放入茶缸或砂罐里在火塘上慢慢熬，直到把茶煮透，并使茶水变稠才开始饮用。有的苦茶熬得很浓，几乎成了茶膏。

汉族地区也有一些吃茶习惯。有些湖南人就喜欢喝完茶，吃几片茶叶，清洁口腔牙齿。客家人喜爱擂茶，茶叶加上炒米、芝麻、花生，冲一人碗。喝下去，又香又甜又解渴。

茶叶有利于健康，能解渴、提神，这些基本功能，满足了百姓的日常生活需要。茶叶还有一些其他功能，如祭祀、交友、礼仪等。在有闲阶级的推动下，中华大地上一步步发

云南佤族烧茶

展出了多姿多彩的茶文化。考古发掘发现魏晋南北朝茶器具大量增加,当时国家大一统的局面被打破,迎来了多元文化的传播与融合。从永嘉之乱①开始,汉人大批南渡,江南的茶叶给了这些北方客物质上的享受外,更带来精神上无限的慰藉。南北交流又把饮茶习惯传到北方。茶饮催生了文化发展,第一篇茶文《荈赋》诞生了,作者杜预②(生卒年份不详)写道:"灵山惟岳,奇产所钟。厥生荈草,弥谷被岗。承丰壤之滋润,受甘霖之宵降。月惟初秋,农工少休。结偶同旅,是采是求。水则岷方之注,挹彼清流;器择陶简,出自东隅,酌之以匏,取式公刘。惟兹初成,沫沈话浮。焕如积雪,晔若春敷。"

当时饮茶已成时尚,煎茶已取代吃茶。《世说新语》③《吴兴统记》④载了许多以茶待客的故事。南齐武帝祭祀神灵也用茶饮,《武帝本纪》⑤载:"……我灵上慎勿以牲为祭,唯设饼、茶饮、干饭、酒脯而已。天下贵贱,咸同此制。"北方的少数民族政权,上层贵族官宦文士在汉化的过程中也喜欢上喝茶,他们称茶为"水厄""酪奴"(意思是奶酪的搭配)。《洛阳伽蓝记》⑥中记载了一则故事,南方后萧萧正德(生卒年份不详)归降,朝廷官家要请他饮茶,就问"需要多少水厄(意思是喝多少茶)",萧回答:"下官虽生在水乡,出生以来,从来没有被水淹过。"结果引来哄堂大笑。

唐代陆羽《茶经》问世,标志

着华夏茶文化迎来第一个高峰,标志着煎茶茶艺的成熟,煎茶成为饮茶的主流。陆羽(733—804),字鸿渐,自号桑苎翁,又号竟陵子,生于唐玄宗(685—762)开元年间,复州竟陵郡(今湖北省天门县)人。陆羽是个弃儿,自幼无父母抚养,被笼盖寺和尚积公大师所收养。积公好茶,陆羽从小服侍积公,学得一手煎茶手艺。陆羽酷爱文艺,吟诗绘画样样精通。他还喜欢表演,常跟着戏班到处演出。陆羽的才能得到竟陵太守的赏识,太守为他提供了许多学习机会。安史之乱,陆羽避难到了江浙,他曾经参与湖州刺史颜真卿⑦(709—784)编修《韵海镜源》的工作。在湖州,他结识了大批文士,尤其是与诗僧皎然⑧(生卒年不详)、女道士李冶⑨(生卒年不详,又名李季兰)的交往,儒释道三家茶艺思想与技艺的融合加深了陆羽对茶文化的认识。他们进深山采野茶,亲自动手制茶,四处寻访好山好水,煎茶吟诗,好不自在。这种优雅的生活影响了他们的一生。李季兰晚景凄凉,当陆羽前来探望,激动的她触景生情写下《湖上卧病喜陆鸿渐至》:

昔去繁霜月,今来苦雾时。
相逢仍卧病,欲语泪先垂。

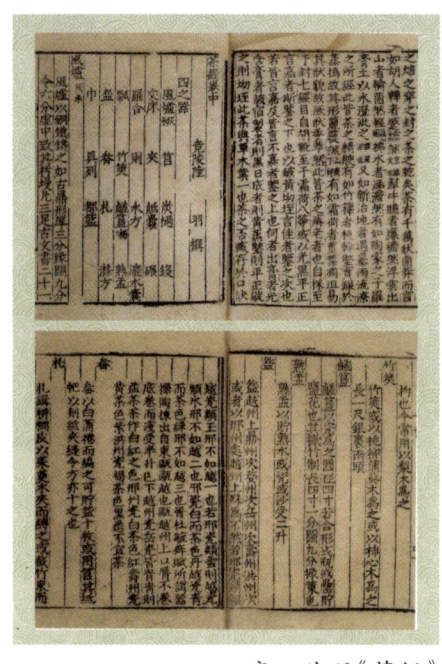

唐·陆羽《茶经》

强劝陶家酒,还吟谢家诗。
偶然成一醉,此外更何时。

可能是当年以茶会友刻骨铭心,全篇无一茶字,但茶意却跃然纸上。一代诗僧皎然留下许多与陆羽论茗的诗篇,让后人得以领略文人雅士品茶的大唐风韵。他的《饮茶歌诮崔石使君》把我们带入茶文化的最高境界:

越人遗我剡溪茗,采得金牙爨金鼎。
素瓷雪白缥沫香,何似诸仙琼蕊浆。
一饮涤昏寐,情来朗爽满天下。
再饮清我神,忽如飞雨洒清尘。

三饮便得道，何须苦心破烦恼。
此物清高世莫知，世人饮酒多自欺。
愁看毕卓瓮间夜，笑看陶潜篱下时。
崔侯啜之意不已，狂歌一曲惊人耳。
孰知茶道全尔真，唯有丹丘得如此。

比起卢仝⑩（795—835）的七碗茶诗，皎然的禅茶功夫更加炉火纯青。总结江南的饮茶实践，陆羽写出了划时代的巨著《茶经》⑪。《茶经》共十章，从茶之源、茶之具、茶之造、茶之器、茶之煮、茶之饮、茶之事、茶之出、茶之略、茶之图等十个方面全方位地讲述了茶叶的产地、种植、加工、器具、品饮等问题。《茶经》是一部严谨的学术著作，直到今天仍然是学习茶叶知识的必读书。陆羽提出生长环境是决定茶叶质量的最重要的条件，"上者生烂石，中者生栎壤（栎应为砾，沙土），下者生黄土"的结论，被历代茶人奉为圭臬。

唐代茶叶分为四种，一是粗茶，二是散茶，三是末茶，四是饼茶。粗茶、末茶和饼茶都属于压制茶（也有人认为粗茶不是压制的），可见当时流行的是压制茶。茶叶的制作方法，《茶经》有记述："采之，蒸之，捣之，焙之，穿之，封之"。当代茶圣吴觉农⑫（1897—1989）主编的《茶经述评》将唐代饼茶制法表述如下：

蒸茶——解块——捣茶——装模——拍压——出模——列茶（晾干）——穿孔——烘焙——成穿——封茶

喝茶之前要准备好器具。唐代饮茶器具，陆羽《茶经》有记载，有风炉、吕、炭挝、火筴、鍑、碾、罗合、则、水方、瓢、盂、碗、涤方、都篮等等，但年代久远，实物难见。1987年，陕西西安法门寺地宫⑬（发现现存皇家最早煎茶茶具）考古发掘出了一套完整的唐朝皇家煎茶器具。有的器具上有"五哥"字样。据考证，唐僖宗（862—888）排行第五，宫闱称号"五哥"，故此器物应为唐僖宗御用之物。这套器具为我们再现唐代饮茶之风提供了实物依据。

## 煎茶方法（唐代）

煎茶第一步是"炙"：就是烤茶，将茶饼放在纸囊上，用夹子夹住放在炭火上烤，去异味，干燥；第二步是"碾"：茶烤好后，立即放入碾子里碾碎，碾出来的茶，白色为上；第三步是"罗"：将碾碎捣烂的茶粉放入细罗筛内，罗下的茶粉，

## 唐代制茶程序

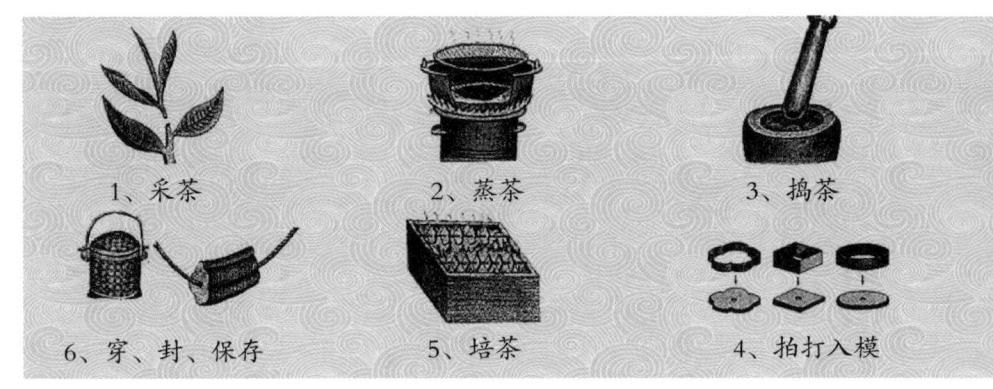

图片来源：《也可以清心：茶器、茶事、茶书》台北故宫博物院

就是煎茶的材料，筛子上的小颗粒就是末茶；第四步是"煮"：煮茶讲究"活火烹活水"，水是"山水上，江水次，井水下"，活火指炭火有焰的那种。煮茶要三沸，先把水放入"鍑"中烧开，当"沸如鱼目，微有声"，这叫第一沸。放入少许盐再煮，烧至"缘边如涌泉连珠"，这叫第二沸。舀出一瓢水，再用竹筴在水中转动，搅出一个水涡，用"茶则"把茶末放入水涡中，把茶汤烧到"腾波鼓浪"，这是第三沸；第五步"育"：在茶汤烧到"势若奔涛溅沫"时，把第二沸时舀出的水倒入鍑中，让茶汤稍冷却，停止沸腾，以孕育沫饽；第六步"饮"：从鍑中把茶汤舀到碗里叫"酌"，酌茶的手续很繁琐，动作要优雅，每升水只能酌五碗，每碗的沫饽要均匀，茶汤要趁热喝完，冷了就走味了。

陆羽第一次提出了中国茶文化的精神，"茶之为用，味至寒，为饮最宜，精行俭德之人"，以及"蠲忧忿，饮之以酒；荡昏寐，饮之以茶"的茶文化精神。"精行俭德"成为历代茶人遵循的指导思想，也是后来日本草庵茶思想的源头活水。

## 宋代点茶（分茶、斗茶）

华夏茶文化的第二个高峰是宋朝，由煎茶到点茶。经过唐朝五代的发展，煎茶技艺越来越精致。千年饼茶占据主导地位的研末饮茶法越来越追求茶汤的美感，出现了点茶、斗茶、分茶。宋朝消费茶叶主

## 唐代煮茶法

图片来源：《也可以清心：茶器、茶事、茶书》台北故宫博物院

要分两大类，散茶和饼茶，饼茶是主流。饼茶之极品，就是极其奢侈的"龙团凤饼"。分茶的绝技现在已经失传，当年那种在冲点中使茶汤汤面生出瞬息万变"焕如积雪，烨若春敷"的美妙图案的场景，我们只能从宋代大量诗文中感受到分茶的魅力。就让我们读一读杨万里[14]（1127—1206）的诗《澹庵座上观显上人分茶》：

分茶何似煎茶好，煎茶不似分茶巧。
蒸水老禅弄泉手，隆兴元春新玉爪。
二者相遭兔瓯面，怪怪奇奇真善幻。
纷如擘絮行太空，影落寒江能万变。
银瓶首下仍尻高，注汤作字势嫖姚。
不须更师屋漏法，只问此瓶当响答。
紫薇仙人乌角巾，唤我起看清风生。
京尘满袖思一洗，病眼生花得再明。
汉鼎难调要公理，策勋茗碗非公事。
不如回施与寒儒，归续《茶经》传纳子。

描写斗茶的诗篇，当首推范仲淹[15]（989—1052）的《和章岷从事斗茶歌》。

年年春自东南来，建溪先暖冰微开。
溪边奇茗冠天下，武夷仙人从古栽。
新雷昨夜发何处，家家嬉笑穿云去。
露芽错落一番荣，缀玉含珠散嘉树。
终朝采掇未盈襜，惟求精粹不敢贪。
研膏焙乳有雅制，方中圭兮圆中蟾。
北苑将期献天子，林下雄豪先斗美。
鼎磨云外首山铜，瓶携江上中泠水。
黄金碾畔绿尘飞，碧玉瓯中翠涛起。
斗茶味兮轻醍醐，斗茶香兮薄兰芷。
其间品第胡能欺，十目视而十手指。
胜若登仙不可攀，输同降将无穷耻。

吁嗟天产石上英，论功不愧阶前蓂。
众人之浊我可清，千日之醉我可醒。
屈原试与招魂魄，刘伶却得闻雷霆。
卢仝敢不歌，陆羽复作经。
森然万象中，焉知无茶星。
商山丈人休茹芝，首阳先生休采薇。
长安酒价减千万，成都药市无光辉。
不如仙山一啜好，泠然便欲乘风飞。
君莫羡花间女郎只斗草，赢得珠玑满斗归。

宋代的茶叶重镇在建州（武夷），讲到武夷茶史再细叙，此处不再展开。宋代斗茶传到高丽、日本，发展出韩国茶礼和日本茶道[16]，这是后话。

## 明清泡茶（淹茶法）

华夏茶文化的第三个高峰在明清，从点茶到泡茶。平民皇帝朱元璋（1328—1398）马上得天下后，不忘民间疾苦，为减轻茶农负担，他发布敕令，罢团茶用散茶。千年皇家贡茶——饼茶，暂时退出了舞台。泡茶也叫淹茶，把茶叶放入壶、碗或杯中，根据不同茶类，加入适当温度的水，浸泡出适当浓度的茶汤，即可饮用。泡茶法彻底改变了中国茶文化的表现形式，使饮茶更加简单、更加普及、更加大众化。

这一时期，中国由绿茶发展出了六大茶类——绿茶、黄茶、红茶、青茶（乌龙茶）、白茶、黑茶[17]以及各类花茶。以潮州功夫茶、北方盖碗茶、吴越茶室和成都大铜壶为代表的中国茶艺百花齐放。明清虽然以散茶为主流，饼（压制）茶也得到很大发展。四川雅安的藏茶、云南的普洱茶、湖南湖北的黑砖茶以及陕西的泾阳砖成为边疆少数民族生活中不可或缺的商品。普洱金瓜贡茶进了紫禁城，深受皇家的喜爱并成为皇上赐给外国使节的礼品。明末清初，中国茶开始批量销往国外，一是荷兰、葡萄牙、英国、美国等国从海路将茶叶运往欧洲、美洲；二是晋商开辟了从武夷山到俄罗斯恰克图[18]的万里茶路。从海路发出的大多是散茶，这些国家多数叫茶为"TEA"或"BOHEA"（据考证，"TEA""BOHEA"是福建闽南话"茶"和"武夷"的音译）。从陆路运输的部分是饼茶，这些国家多数叫茶为"CHA"（"CHA"是中国北方话"茶"的音译）。西方人又把中国茶籽带到全世界，发展出印度、斯里兰卡和肯尼亚等国的茶产业。目前，茶成为三大软性饮料之一（其次是咖啡、可可），全世界有几十亿的茶叶消费人群，形成了巨大的茶业商机。

茶叶带给了世界人民健康幸福生活的同时，茶文化也架起了各国人民沟通的桥梁。中国茶艺、日本茶道和韩国茶礼继承了华夏茶文化传统；英国下午茶、俄罗斯茶饮则在红茶品饮中把优雅与时尚结合得恰到好处。

回顾华夏茶文化历史，可以看到饼（压制）茶在茶类中的重要地位。元代之前饼（压制）茶是茶饮的主流；明清时期饼（压制）茶是边销和外贸的重要商品；2000年前后，陈茶的价值被发掘，饼（压制）茶（普洱、黑砖、六堡茶等）又成了茶客追逐的物件、市场的宠儿。至于武夷饼（压制）茶的前世今生如何？让我们走进武夷山，共同探索武夷饼（压制）茶的奥秘吧。

注：①永嘉之乱：指永嘉五年（311年），匈奴攻陷洛阳、掳走怀帝的乱事。晋初八王之乱，加以天灾连年，胡人遂乘时入侵。永兴元年（304年），匈奴贵族刘渊在左国城（今山西离石）起兵，逐步控制并州部分地区，自称汉王。光熙元年（306年），晋惠帝死，司马炽嗣位，是为怀帝，改元永嘉。刘渊遣石勒等大举南侵，屡破晋军，势力日益强大。永嘉二年，刘渊正式称帝，四年刘渊死，子刘聪继位。次年，刘聪遣石勒、王弥、刘曜等率军攻晋，在平城（今河南鹿邑西南）歼灭十万晋军，又杀太尉王衍及诸王公。旋攻入京师洛阳，俘获怀帝，杀王公士民三万余人。永嘉乱后，北方五胡（匈奴、鲜卑、羯、氐、羌、巴氐）民族相继建国。

②杜预：（222—285），字符凯，京兆杜陵（今陕西西安东南）人，西晋时期著名的政治家、军事家和学者，灭吴统一战争的统帅之一。历官三国魏尚书郎、河南尹、度支尚书、镇南大将军、当阳县侯，官至司隶校尉。功成之后，耽思经籍，博学多通，多有建树，被誉为"杜武库"。著有《春秋左氏经传集解》及《春秋释例》等。

③《世说新语》：是中国南宋时期（420—581年）产生的一部主要记述魏晋人物言谈轶事的笔记小说。是由南朝刘宋宗室临川王刘义庆（403—444）组织一批文人编写的，梁代刘峻作注。全书原八卷，刘峻注本分为十卷，今传本皆作三卷，分为德行、言语、政事、文学、方正、雅量等三十六门，全书记述自汉

末到刘宋时名士贵族的逸闻轶事共一千多则,主要为有关人物评论、清谈玄言和机智应对的故事。

④《吴兴统记》山谦之著。山谦之(?—约445),南北朝时宋人,元嘉(424—453)时为史学生,后任学士、奉朝请。受著作郎何承天之委,协撰《宋书》,孝建元年(454年)奉诏续撰。著有《丹阳记》、《南徐州记》、《吴兴记》、《浔阳记》等。

⑤《南齐书·武帝本纪》:萧赜(440—493),字宣远,小名龙儿,齐高帝萧道成长子。南朝齐第二位皇帝(482—493),谥世祖武皇帝。高帝死后萧赜继任皇帝,时年42岁,在位12年,54岁病死,葬景安陵(今江苏丹阳市),年号永明。

⑥《洛阳伽蓝记》:是一部集历史、地理、佛教、文学于一身的名著(《四库全书》将其列入地理类),又称《伽蓝记》,为北魏人杨炫之所撰,成书于东魏孝静帝时。书中历数北魏洛阳城的佛寺,分城内、城东、城西、城南、城北五卷叙述,对寺院的缘起变迁、庙宇的建制规模及与之有关的名人轶事、奇谈异闻都记载详核。与郦道元《水经注》一起,历来被认为是北朝文学的双璧。

⑦颜真卿:(709—784,一说709—785),字清臣,汉族,唐京兆万年(今陕西西安)人,祖籍唐琅琊临沂(今山东临沂),中国唐代中期杰出的书法家。他创立的"颜体"楷书与赵孟頫、柳公权、欧阳询并称"楷书四大家";和柳公权并称"颜筋柳骨"。

⑧皎然:唐代诗僧。生卒年不详。俗姓谢,字清昼,吴兴(浙江省湖州市)人。南朝谢灵运十世孙。活动于大历、贞元年间,有诗名。他的《诗式》为当时诗格一类作品中较有价值的一部。其诗清丽闲淡,多为赠答送别、山水游赏之作。

⑨李冶:(?—784),乌程(今浙江吴兴)人,后为女道士,是中唐诗坛上享有盛名的女冠诗人。她与薛涛、鱼玄机、刘采春一起,被人称为"唐代四大女诗人"。李冶的诗以五言擅长,多酬赠遣怀之作。宋人陈振孙《直斋书录解题》著录《李季兰集》一卷,今已失传,仅存诗十六首。

⑩卢仝(tóng):(约795—835),唐代诗人,汉族,范阳(治今河北涿县)人。"初唐四杰"之一卢照邻的嫡系子孙。祖籍范阳(今河北涿县),生于河南济源市武山镇(今思礼村),早年隐少室山,自号玉川子。他刻苦读书,博览经史,工诗精文,不愿仕进。后迁居洛阳。家境贫困,仅破屋数间,但他刻苦读书,家中图书满架。卢仝性格狷介,颇类孟郊;但其狷介之性中更有一种雄豪之气,又近似韩愈,是韩孟诗派重要人物之一。卢仝好茶成癖,诗风浪漫且奇诡险怪,人称"卢仝体",他的《走笔谢孟谏议寄新茶》诗,传唱千年而不衰,

其中的"七碗茶诗"之吟，最为脍炙人口。

⑪《茶经》：是中国乃至世界现存最早、最完整、最全面介绍茶的一部专著，被誉为"茶叶百科全书"，由中国茶道的奠基人陆羽所著。此书是一部关于茶叶生产的历史、源流、现状、生产技术以及饮茶技艺,茶道原理的综合性论著，是一部划时代的茶学专著。它不仅是一部精辟的农学著作又是一本阐述茶文化的书。它将普通茶事升格为一种美妙的文化艺能。

⑫吴觉农：（1897—1989），浙江上虞丰惠人，是我国著名的农学家、茶叶专家和社会活动家，也是我国现代茶叶事业复兴和发展的奠基人。

⑬法门寺地宫：位于陕西省扶风县城北10公里处的法门镇，东距西安市110公里，西距宝鸡市90公里。始建于东汉末年桓灵年间，距今约有1700多年历史。法门寺因舍利而置塔，因塔而建寺，原名阿育王寺。释迦牟尼灭度后，遗体火化结成舍利。公元前三世纪，阿育王统一印度后，为弘扬佛法，将佛的舍利分成八万四千份，使诸鬼神于南阎浮提，分送世界各国建塔供奉。中国有十九处，法门寺为第五处。公元558年，北魏皇室后裔拓跋育曾扩建，并于元魏二年（494年）首次开塔瞻礼舍利。隋文帝开皇三年（583年）改称"成实道场"，仁寿二年（602年）右内史李敏二次开塔瞻礼。唐高祖李渊武德七年（625年）敕建并改名"法门寺"。唐贞观年间曾三次开塔就地瞻礼舍利。原塔俗名"圣冢"，后改建成四级木塔。高宗显庆年间修成瑰琳宫二十四院，建筑极为壮观。唐代200多年间，先后有高宗、武后、中宗、肃宗、德宗、宪宗、懿宗和僖宗八位皇帝六迎二送供养佛指舍利。每次迎送声都势浩大，朝野轰动，皇帝顶礼膜拜，等级之高，绝无仅有。咸通十五年（874年）正月四日，唐僖宗李儇最后一次送还佛骨时，按照佛教仪轨，将佛指舍利及数千件稀世珍宝一同封入塔下地宫，用唐密曼荼罗结坛供养。1981年8月24日，法门寺宝塔半边倒塌。1987年2月底重修宝塔。适逢四月初八佛诞日，"从地涌出多宝龛，照古腾今无与并"，在沉寂了1113年之后，2499件大唐国宝重器，簇拥着佛祖真身指骨舍利重回人间！法门寺地宫出土了制、储、饮一套精美的金银茶具，这是我国目前所知时间最早、组合最完整、等级最高的成套茶具，也是世界上发现的时代最早、等级最高的宫廷茶具。这套茶具有茶笼、茶碾、茶罗子、茶炉、茶匙、茶盆、茶碗、茶托、调料盛器等，包括了从茶叶的贮存、烘烤、碾磨、罗筛、烹煮到饮用等全部工艺流程和饮用过程的所用器具。

⑭杨万里：字廷秀，号诚斋，吉州吉水（今江西省吉水县）人，汉族，南宋杰出的诗人。一生力主抗金，与范成大、

陆游等合称南宋"中兴四大诗人"。

⑮范仲淹：（989—1052），字希文，汉族，苏州吴县（今属江苏）人，世称"范文正公"。唐宰相范履冰之后。北宋著名的政治家、思想家、军事家和文学家，祖籍邠州（今陕西省彬县），后迁居苏州吴县（今江苏省吴县）。他为政清廉，体恤民情，刚直不阿，力主改革，屡遭奸佞诬谤，数度被贬。皇佑四年（1052年）五月二十日病逝于徐州，终年64岁。是年十二月葬于河南洛阳东南万安山，谥文正，封楚国公、魏国公。有《范文正公集》传世。

⑯日本茶道：源自中国。日本茶道是在"日常茶饭事"的基础上发展起来的，它将日常生活行为与宗教、哲学、伦理和美学熔为一炉，以"和、敬、清、寂"四字，成为融宗教、哲学、伦理、美学为一体的文化艺术活动。它不仅仅是物质享受，而且通过茶会，学习茶礼，陶冶性情，培养人的审美观和道德观念。现在的日本茶道分为抹茶道与煎茶道两种，但茶道一词所指的是较早发展出来的抹茶道。

⑰黑茶：是在六大茶类中原料最为粗老的，成茶色泽呈黑褐色或黝黑色，主要是堆积发酵时间较长使然。黑茶根据产区和制作工艺不同，可分为湖南黑茶（茯砖、千两茶）、四川边茶（藏茶）、湖北老青茶（黑砖、花砖）以及滇贵壮黑茶（普洱、六堡茶）等。

⑱恰克图：俄语意为"有茶的地方"。俄罗斯布里亚特自治共和国南部城市。1728年6月，中俄在此签订了《恰克图条约》，并划定两国以恰克图为界。旧城归俄，即恰克图。十九世纪后半叶以前曾为俄国同中国贸易的中心。恰克图是晋商开拓的万里茶路终点，当年此地商贸为晋商垄断，晋商以此为基地开拓欧洲市场。

## 第二节
## 武夷奇茗仙人栽

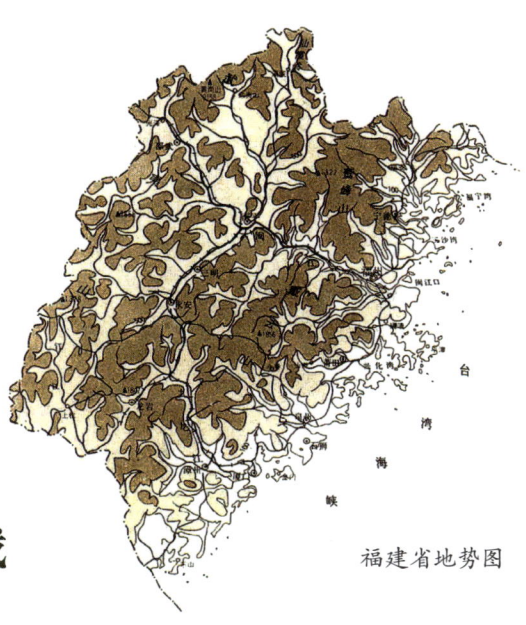

福建省地势图

武夷山有广义和狭义两层含义。广义的武夷山指整个武夷山脉,狭义的武夷山,即现在的武夷山风景区,也就是武夷岩茶的主产区。武夷山古代隶属建州建宁府,现在行政区划归南平市管辖。这一区域为闽江流域上游,习惯上称为闽北,也叫大武夷、武夷。这个区域生产的茶叶,有人统称为武夷茶。而武夷岩茶特指武夷山风景区周边生产的乌龙茶。(本书的武夷指的是闽北,武夷茶泛指闽北茶;武夷山茶则指武夷山市出产的茶叶;武夷岩茶特指武夷山风景区周边生产的乌龙茶。这个划分,只为了叙述的方便,并非严格意义上的分类。)

武夷山脉属于新华夏地质构造单元,南岭山系的支脉。它位于中国东南部闽浙赣三省之间,地理坐标介于北纬24°30′~28°20′,东经125°33′~118°50′之间。据科学家测定,人类生活的地球生成于45亿年前。地球由地核、地幔和地壳组成,地壳分为洋壳和陆壳。著名的板块构造理论[1]认为,地壳大约分为十二个大的构造板块,这些板块之间的相对运动形成了并改变着地球表面的主要特征。最大的陆壳叫劳亚古陆，它包括欧洲大陆、中亚和东亚。南亚次大陆印度板块则是从南半球漂流过来，插入劳亚古陆，形成了喜马拉雅山脉等高原地区。劳亚古陆不同时期又分为许多地台，我国的南方属于扬子地台。云贵川位于扬子地台的西端，武夷山脉闽赣交界处位于扬子地台的东端。26亿年前，武夷山脉东南方是汪洋大海，现在的武夷山风景区当年正在水中发育。据地质测定，这个地区的古沉积层有1200—3500米不等。震旦纪②早期，武夷山受澄江运动影响，开始从水下隆起，形成一系列弱东向隆起与拗陷，武夷山脉东段形成了从浦城、松溪、政和、建瓯到南平的鹫峰山脉。东西两个山脉之间形成了许多盆地。盆地中山林茂密，溪流纵横，这些地貌形成了许多适宜茶叶生长的小环境。无数溪流经麻阳溪、崇阳溪、松溪汇入建溪，再经南平闽江上游，向东直奔大海。由于各层岩石的质地不同，经亿万年风化侵蚀，形成了武夷山风景区独特的丹霞地质地貌③。号称"华东屋脊"的武夷山脉主峰黄冈山等众多大山，形成了西北屏障，挡住了北方的寒流，使来自东南的暖湿气流在武夷山形成了亚热带季风湿润气候，这里山高谷深，峰峦连绵；这里土质肥沃，雨量充沛，森林植被茂密；这里保存着世界罕见、稀有、濒临灭绝的许多珍贵动植物（武夷山号称"蛇的王国"和"昆虫世界"），武夷变种（菜茶）就生长于此。

武夷茶可分为两大类：一是武夷变种（菜茶），属于武夷原生种，茶树为灌木型小叶品种，野生，有性繁殖。菜茶极富于变异，武夷茶农在生产实践中选择优良品种培育出单丛，把优质稳定的单丛再培育出有一定产量的名丛。武夷岩茶区的茶人在制作乌龙茶的实践中培育了几百个名丛，最出名的叫"五大名丛"——大红袍、水金龟、铁罗汉、半天妖和白鸡冠。第二类是武夷（闽北）水仙，属于小乔木中大叶种，无性繁殖（它可能是武夷菜茶的一个变种）。武夷（闽北）水仙于清朝末年被人发现于建阳县小湖乡大湖村祝仙洞。水仙茶易管理，产量高，制成的乌龙茶，茶香如幽兰，水质如甘泉。水仙茶现在已经占据了武夷茶的半壁江山。如今，你只要进入武夷的大山之中，总能看到菜茶的身影，尤其到了武夷山自然保护区，在海拔1000多公尺的高山上，到处都能看到野生奇种摇曳在杉林、竹海之中，盛开着美丽的白茶花，发育出或白或紫的仙毫。勤劳、勇敢的武夷山民众用这些茶叶制作出

优质的红茶、白茶、乌龙茶，成为市场上追逐的妙品。

武夷菜茶从何而来？古人的回答是：仙人栽。最早的传说是武夷山开山之祖——武夷君所栽。传说秦朝之时，仙人武夷君，乘紫云下降武夷山，为发展武夷山，当年武夷君邀另一仙人皇太姥在九曲溪幔亭峰上宴请十三位仙人（魏王子骞、张湛、孙绰、赵元奇、彭令晗、刘景、顾思远、白石生、马鸣生、胡氏、李氏、鱼道超、鱼道远），他们以茶为饮，好不快活。这个美丽的传说，已无人考证。我国的传统文化认为，西北是"天门"，神仙的首领是"西王母"。东南为"地府"，神仙的首领是"武夷君"。《史记·汉武本纪》④，封禅书记载，汉武帝时，官方正式以鱼干在大王峰上祭祀武夷君，此后各朝各代，多有祭祀武夷君的仪式，武夷山大王峰有个投龙洞，当年为祭祀时投放金龙玉简的地方。大王峰下武夷宫，历来是供奉武夷君的圣地。武夷宫宋代叫"冲佑观"，为皇家道观，李钢、辛弃疾、朱熹、陆游等人都担任过冲佑观主管。元代叫"冲佑万年宫"，明清叫"武夷宫"。如今，祭祀武夷君的仪式不但失传了，就连武夷君的塑像也没了。有人正积极呼吁武夷山要恢复祭祀武夷君，以保吾国东南地气，我们乐见其成。每当我读到古人颂扬武夷茶的诗文时，每当冲泡到一泡极好的武夷茶时，"武夷君"三个字总在我头脑中涌现，我觉得古人与我一样感受到——武夷君就是茶神，正是武夷君为我们栽下这奇茗——武夷菜茶，使得我们子子孙孙永远享用这美妙的茶香。

美好的传说虽然无法证实，但武夷菜茶作为活化石，却真实地生长着、繁衍着，在中国乃至世界的许多地方，它的子孙乃在蓬勃发展，成为当地百姓生活不可或缺的必需品，成为经济发展的重要资源。我们可以把仙人栽转化为前人栽或古人栽，那传说就变为事实。

## 闽濮献茶

武夷山最早的先民，留下实物的就是在九曲溪两岸、山岩洞里摆放的船棺⑤。船棺的主人应该就是武夷山最早的人群。船棺在中国的华南西南地区广泛分布，一直到东南亚都有发现，而武夷船棺历史最久（约4800年）。

据考古报告分析，船棺的主人可能是中国南方的濮人——闽濮（也有人认为是闽越人）。据史料记载，殷商晚期，纣王⑥（？—约公元前1046）无道，周武王⑦（约前1087—前1053）替天行道，兴兵伐讨。当年南方八小国，派兵参与了伐讨之战争，这八国中就有闽濮。据说，闽濮当时给周武王的贡品中，就有茶叶一项，这就是史上最早的贡茶的记录。

闽濮后来去了哪里，众说纷纭。经史学界考证，初步证实，闽濮可能是从东南沿着长江进入四川，闽濮在四川的记载较多一些，然后到了云南，他们与当地土著，可能是孟加拉种族结合，形成孟高棉民族⑧，"闽"逐步演变成了"缅"（在东南亚"缅"有高贵的意思）。据考证，云南的布朗族、德龙族、佤族等民族都是闽濮人的后代。闽濮后来最出名的首领是三国的诸葛孔明（181—234）七擒七放的孟获（生卒年不详），云南大理还有孟获花园等遗迹。无独有偶，云南最早人工种植茶叶的民族就是布朗族，至今澜沧地区景迈万亩古茶园⑨就是布朗先民约两千年左右开拓种植的。我曾徘徊在这片古茶园中，坐在布朗公主的篝火边上喝着景迈古茶，在众多大叶种乔木茶林里，我们似乎感觉到武夷茶的身影。我曾想，如果布朗先民真从武夷山移来，那

作者与布朗族同胞在班章茶园

移民中一定有爱茶人家带着武夷菜茶的种子，洒到这片土地上。特别是德龙族更以茶叶作为他们的祖先，每年都要举办祭祀活动。这几年，我常到云南探茶，总能在云南大叶种茶园内，看到小种茶的身影，尤其六大茶山地区，小种茶叶随处可见。这些可爱的小叶种，究竟是由大叶种演变而来，还是当地或外来的独立品种，有待农业学家去考证。但是有一个史实证明，"现存故宫的光绪年间的金瓜贡茶⑩，偏偏是用倚邦茶庄的小叶种茶制成的——就此推论，则远在清代的人们，对于边陲此地大叶种茶的热爱，实在还很有限？"（《问茶》山东画报出版社，126页）。

宝洪古茶树

宝洪寺旧址

## 宝洪茶

2009年,毕业于西南农大的白总带我来到云南宜良县宝洪寺时,我真的看到了武夷菜茶。当时我十分肯定地说:"白总,这是福建茶树。"白总一愣,反问我:"你怎么知道?"我说:"这是武夷奇种。"白总说:"对的。文献记载,唐代福建禅僧到云南传播禅宗,其中有爱茶禅师带来武夷山茶种,这些武夷茶一直在宝洪寺周围生长。"宝洪茶早已成为中国名茶。宝洪老茶树已列入昆明市"名木"得到了保护。十分遗憾的是,最老一棵约600年的古茶树,已于几年前被洪水冲垮死亡。我们见到了现存最古最大的古茶树,看到这三米多高在海拔1900公尺生长的武夷菜茶，着实让我兴奋了一阵。当我把宝洪茶冲泡给陈德华老师品饮时，他当场就说这是好茶，还带了一些给福建茶学会的老师品尝。现在这片茶园已由云南福建商会承包，从福建来的茶师正在研发新工艺新产品。我们期待宝洪茶有更多更好的茶品面世，供消费者享用。

## 闽越植茶

取代闽濮人的闽北主人是闽越人。古代越粤音义相同，闽越也就是闽粤。他们是百越的一支，由越国王族首领无诸（生卒年不详）创建。汉王刘邦（前256—前195）与项羽（前232—前202）争夺天下，闽越国派兵支援刘邦。汉朝兴，刘邦封无诸后人为闽越国王。后来，淮南王刘安①（生卒年不详）拥兵自重，图谋造反。闽越国这次错选了淮南王，结果兵败被汉武帝刘彻（前156—前187）灭国，闽越族人被迁徙到淮河流域。其后，汉武帝特派使臣到武夷山祭祀武夷君。

闽越人是否种茶饮茶，史上没有记载，上世纪80年代，武夷山发现了古汉城遗址，出土了大量闽越王城的遗物，有不少精致陶器具，推测当时闽越人是享用茶叶的，如果真有植茶制茶，理应也是武夷饼茶。

2011年，我到安徽六安，探访六安瓜片、霍山黄芽等名茶。进入淮河流域大别山金寨县红石岩景区，眼前的一幕让我震惊了。大自然的鬼斧神工将大山劈出一道深谷，一边是花岗岩地貌，一边是丹霞山。更为奇特的是，满山满谷的茶园全是小叶种茶——菜茶。时至今日，当地老乡种茶树还是老办法。采茶籽、挖坑、洒籽、浇水、育茶，武夷山有的品种在这里大多能找到相

六安茶作坊

六安茶焙

类似的,甚至叫法都一样。武夷山有金柳条,这里有"柳条";武夷山有雀舌,这里也叫雀舌;武夷山有大红袍,这里叫紫芽。

据史料记载,六安远古不产茶,最早种茶记载是从魏晋南北朝始,当时叫做"片茶",也就是饼茶,一饼一片。明清时,兴喝散茶,茶农们采芽下面第二片茶叶,经过"炒生锅、炒熟锅、拉毛火、拉小火、拉大火"等工序。边烘边翻,炒制成瓜子状的"六安瓜片"。"六安瓜片"起霜有润,清香扑鼻,人称一绝。制作"六安瓜片"的茶树,必须是当地自古以来的土茶——小叶种,否则就变形走味。瓜片一出名满天下,很快成为中国十大名茶之一。在清朝,六安瓜片被列为"贡品"。乾隆⑫皇帝(1711—1799)在承德避暑山庄⑬接见外国使臣时,多次把武夷茶与六安茶一道作为礼品赏赐给外国使臣。慈禧太后(1835—1908)曾月奉十四两;大文学家曹雪芹(1715—1763)旷世

六安茶区

之作《红楼梦》中竟有 80 多处提及"六安瓜片"。2007 年,国家主席胡锦涛参加"俄罗斯中国年"活动,并赠送"特级六安瓜片"作为中国国礼赠送给俄罗斯总统普京。六安瓜片茶汤耐泡,茶质醇厚,与江南绿茶品种不同,而与武夷小种茶味相似。我只能猜想,这就是武夷变种的基因,这就是武夷饼(压制)茶的延续。此猜想能否成真,还有赖科学家、史学家及好事者进一步求索。

注:①板块构造理论:板块构造说是 20 世纪 60 年代提出的一种新的全球构造学说。板块构造说的理论是在大陆漂移学说、海底扩张学说的基础上发展起来的。1968 年勒皮顺根据各方面的资料,首先将全球岩石圈划分成六大板块,即太平洋板块、欧亚板块、印度洋板块、非洲板块、美洲板块和南极洲板块。除太平洋板块几乎完全是海洋外,其余五大板块既包括大块陆地,又包括大片海洋。随着研究工作的进展,又有人进一步在大板块中划分出许多小板块。如美洲板块分为北美和南美板块,印度洋板块分为印度和澳大利亚板块,东太平洋单独划分为一个板块,欧亚板块中分出东南亚板块以及菲律宾、阿拉伯、土耳其、爱琴等小板块。这些板块都是活动的,如太平洋板块,从太平洋东部中隆生长脊新生长出来的大洋壳,平均每年以 5cm 的速度向西移动,两亿年内可移动 10000km。从东太平洋中隆至马里亚纳海沟的消亡带正好为约 10000km,而马里亚纳及其附近海底岩石年龄也正好为 1.5—2 亿年。这雄辩地说明太平洋底大约每两亿年更新一次。

②震旦纪:地质年代名称,元古宙晚期的一个纪。是在中国命名并向国际推荐的一个地质年代单位。开始于约 8 亿年前,结束于约 6 亿年前。属于新元古代的晚期。这一时期形成的地层称震旦系。由于古印度人称中国为 Cinisthana,在佛经中被译为震旦,故名

震旦纪。震旦纪分为早震旦世和晚震旦世,相应的地层为下震旦统和上震旦统,分界线为7亿年前。

③丹霞地质地貌:主要分布在中国、美国西部、中欧和澳大利亚等地,以中国分布最广。1928年,冯景兰等在粤北仁化县发现丹霞地貌,并把形成丹霞地貌的红色砂砾岩层命名为丹霞层,此后又有多人对其概念进行阐述。在中国境内所发现的丹霞地貌几乎全发育在不早于中生代(距今两亿多年前)的地层上,而且岩石的成分以陆相沉积为主。 2005年,在《中国国家地理》杂志举办的"选美中国"活动中,评选出了"中国最美的七大丹霞",武夷山排名第二。

④《史记》:由司马迁撰写的中国第一部纪传体通史。记载了上自上古传说中的黄帝时代,下至汉武帝元狩元年间共3000多年的历史(哲学、政治、经济、军事等)。《史记》最初没有固定书名,或称"太史公书",或称"太史公传",也省称"太史公"。"史记"本是古代史书通称,从三国时期开始,"史记"由史书的通称逐渐成为"太史公书"的专称。《史记》与后来的《汉书》(班固)、《后汉书》(范晔、司马彪)、《三国志》(陈寿)合称"前四史"。刘向等人认为此书"善序事理,辩而不华,质而不俚"。与司马光的《资治通鉴》并称"史学双璧"。

⑤船棺:古代的一种独木舟形棺木葬具。自古以来,我国南方许多民族都有以船为棺的习俗。船棺葬在斯堪的纳维亚、波利尼西亚、泰国、菲律宾、越南、马来西亚、印度尼西亚等地也有分布。

⑥纣王:殷帝辛,名受,"天下谓之纣",人称殷纣王。为帝乙少子,以母为正后,辛为嗣。帝纣天资聪颖,闻见甚敏;稍长又材力过人,有倒曳九牛之威,具抚梁易柱之力,深得帝乙欢心。帝辛是商朝第三十代君主,也是商朝的亡国之君。纣王除了天资聪颖、领悟力奇高之外,也是少见的大力士。帝辛在位后期,居功自傲,耗巨资建鹿台,造酒池,悬肉为林,修建豪华的宫殿园林,过着穷奢极欲的生活,使国库空虚。他刚愎自用,听不进正确意见,在上层形成反对派,使用炮烙等酷刑镇压人民。杀比干,囚箕子,年年征战,失去民心。约公元前1046年,周武王联合西方11个小国会师孟津,乘机对商朝发起进攻,牧野之战,大批俘虏倒戈,周兵攻之朝歌。帝辛登上鹿台,"蒙衣其珠玉,自焚于火而死"。商亡。

⑦周武王:姬发,西周王朝开国君主,周文王次子。因其兄伯邑考被商纣王所杀,故得以继位。他继承父亲遗志,于公元前11世纪消灭商朝,夺取全国政权,建立了西周王朝,表现出卓越的军事、政治才能,成为了中国历史上的一代明君。死后谥号"武",史称周武王。

⑧孟高棉语系：南亚语系孟高棉语族语言声调是近年来语言学研究中的新课题。对孟高棉语族语言声调现状、历史来源、演变规律进行系统研究，有利于了解中国西南、东南亚及南亚民族的交往发展历史。

⑨景迈万亩古茶园：中国六大茶山之一，其千年古茶的面积堪称茶山之最。景迈千年万亩古茶园是目前世界上保存最完好、年代最久远、面积最大的人工栽培型古茶园，是世界茶文化的根和源，也是中国茶文化发展的历史见证。2007年，景迈千年万亩古茶园以其独特的自然资源优势和显著的保护利用民间文化遗产成效，被命名为首批"中国民间文化遗产旅游示范区"。日本茶叶专家松下智和八木洋行先生称景迈千年万亩古茶园为"人类茶文化史上的奇迹"、"世界茶文化历史自然博物馆"。

⑩金瓜贡茶：也称团茶、人头贡茶，是普洱茶独有的一种特殊紧压茶形式。因其形似南瓜，茶芽长年陈放后色泽金黄，得名金瓜，早年的金瓜茶是专为上贡朝廷而制，故名"金瓜贡茶"。金瓜贡茶是现存的陈年普洱茶中的绝品，在港台茶界，被称之为"普洱茶太上皇"。目前，金瓜贡茶的真品仅有两沱，分别保存于杭州中国农业科学院茶叶研究所与北京故宫博物院。

⑪淮南王刘安：（前179—前122），西汉沛郡丰（今江苏省丰县）人，刘邦之孙，刘长之子，封为淮南王。刘安是豆腐以及很多养生之道的发明者。据传刘安于母亲患病期间，每日用泡好的黄豆磨成豆浆给母亲饮用，刘母之病遂逐渐好转，豆浆也随之传入民间。至于豆腐起源，古籍曾记载刘安在淮南八公山上炼丹时，曾不小心将石膏混入豆浆里，经化学变化成为豆腐。至此豆浆与豆腐均源自中国，安徽淮南更有中国豆腐之乡的美名。刘安编撰的《淮南子》一书在继承先秦道家思想的基础上，综合了诸子百家学说中的精华部分，对后世研究秦汉时期文化起到了不可替代的作用。《汉书》记载，汉武帝时刘安因谋反之事败露而自杀。

⑫乾隆：清高宗纯皇帝爱新觉罗·弘历（1711—1799），通称乾隆帝或乾隆，是清代入关后的第四任皇帝，雍正帝第四子，终年八十九岁，葬于河北裕陵（今河北省遵化市西北）。

乾隆帝汉文水平很高，能诗善画，精于骑射。清朝皇帝中对文化事业的重视和功绩当以他为最。在他统治期间，各种官修书籍达100余种，完成了顺治朝开始编撰的《明史》和康熙下令开始编写的《大清一统志》，他又令臣下编成《续文献通考》、《皇朝文献通考》、《大清会典》。除了这些历史、制度方面的著作外，其他类别的著作，著名的有文字音韵《清文鉴》、文学《唐宋诗醇》、乾隆大阅图地理《大清一统志》、农家《授时统考》、医学《医宗金鉴》、天文历法《历象考成后编》等重要文献。其在图书编撰方面的最大成就是亲自倡导并编成了大型文献丛书《四库全书》，共收录古籍三千五百零三种、七万九千三百三十七卷、装订成三万六千余册，保存了大量古典文献。《四库全书》是中国古代最大的一部官修书，也是中国古代最大的一部丛书。然而，乾隆毁书亦多，乃他的一大罪过。

⑬承德避暑山庄：是清代皇帝避暑和处理政务的场所。位于河北省承德市北部。始建于1903年，历经清康熙、雍正、乾隆三朝，耗时八十九年建成。与全国重点文物保护单位颐和园、拙政园、留园并称为"中国四大名园"。1994年12月，避暑山庄及周围寺庙（热河行宫）被列入世界文化遗产名录。

## 第三节
## "龙团凤饼"天下绝

闽越人大批迁徙到淮河流域后,避过灾难的闽越人躲入山林,历史上对他们缺少记载。《宋书·州郡志》有一段写道:"汉武帝世,闽越反,灭之,徙其民于江淮间,虚其地。后有遁逃山谷者颇出,立为治县,属会稽。"后来中原的汉人陆续移民八闽,与当地闽越人融合,三国东吴在闽北设立建安郡①。西晋"五胡乱华",为避战乱,中原世家大族衣冠南渡。"永嘉大乱,八姓入闽"。传统的福建人有八大姓"林、黄、陈、郑、詹、丘、何、胡"。中原世家大族入闽,把中原文化带入闽中,自然也包括茶文化。唐朝初年,建茶还不出名,也可能山高路远,交通不便,武夷茶还"养在深闺人未识",所以陆羽《茶经》没有记载。

据黄贤根老师考证,陆羽晚年来过武夷山,还写了《武夷山记》。《武夷山记》原文已佚,宋人张君房天禧三年(1019年)所著《云笈七签》②中写道:"太子文学陆鸿渐所撰,《武夷山记》云:武夷君地官也。相传每于八月十五日大会村人于武夷山上。置幔亭,化虹桥,通山下村人。既往是日,太极玉皇太姥,魏真人,武夷君三座空中,告呼村人为曾孙,汝等若男若女呼座。乃命鼓师张安凌搥鼓,赵元胡拍副鼓,刘小禽坎苓鼓,曾少童摆兆鼓,高知满振嘈鼓,高子春持短鼓,管师鲍公希吹横笛,技师何凤儿抚节板。次命玄师董娇娘弹箜篌,谢英妃抚掌离(毕篥),吕阿香戛圆鼓,管师黄次姑噪悲栗,秀琰鸣洞箫,小娥运居巢,金师罗妙容挥撩铫。乃命行酒，须臾酒至，云酒无谢，又命行酒。乃命歌师彰令昭唱人间可哀之曲。其次曰：天上人间会和稀疏，日落西山兮鸟归飞。百年一响兮志与愿违，天宫咫尺兮恨不相随。"这是武夷君"幔亭招宴"最早的记载。黄老师认为，陆羽是在《茶经》出版后才到武夷山，因此没能把建茶写入书中。可能正是陆羽的介绍，唐朝后期，人们开始关心建茶，这其中有一个重要的人物——常衮。

常衮（最早生产团茶——研膏茶③）（729—784），京兆（今陕西西安）人，其父常无为是陕西三原县丞。常衮唐玄宗天宝十四年（755年）乙未科状元及第，永泰元年（765年）授中书舍人，大历九年（774年）升礼部侍郎，大历十二年（777年）拜相。后因独揽朝政，用人严苛，堵塞买官之路而招致怨恨。唐德宗即位后，被贬为河南少尹，又贬为潮州刺史，不久为福建观察使兼建州刺史。史书记载，常衮注重教育，大办乡校，自己亲自教学，使闽地文风为之一振。常衮酷爱喝茶，旅居潮州期间，他游金山，题"初阳顶"，与潮州开元寺僧品茶论道。因此，潮州人认定潮州饮茶之风气由常衮而起。据北宋张云叟《画墁集》记载"唐代茶品，以阳羡为上，其时福建之建溪，北苑不知名。贞元中，常衮为建州刺史，始蒸焙而研之，谓之膏茶，其后始为饼茶，贯其中，故谓之'一串'。"这是中国制茶史上最早的团茶记录，也是武夷（闽北）饼茶最早的记录。唐代贡茶制造没有研膏工序，常衮首创团茶研膏工序，同时保留了唐代贡茶中空"一串"串起的习惯。

唐末五代，武夷（闽北）出了一位人间茶神，他叫张廷辉（903—981）。张廷辉，字仲光，号三公，祖籍河南光州固始县。唐朝末年，固始人王潮，王审之④兄弟带兵入闽，张廷辉祖上跟随大军到了闽北。张廷辉于唐天复三年（903年）出生于建宁府建安县东苌里（今建瓯市水源乡）。其祖上在建安是大户人家，拥有大量田庄茶园。张廷辉从小就爱茶艺，后被爷爷派往东溪凤凰山管理茶园。经过张廷辉的精心管理，开发研制，凤凰山所产的茶叶质量相当好。凤凰山茶被闽王王审之父子看上，索要不断，张廷辉不堪其扰，干脆把凤凰山方圆三十里的茶园献给闽王。因为闽国国都福州在建安之南，凤凰山茶园在北，故称为"北苑"。闽王给张廷辉封了个"阁门使"，让他管理茶园。有闽国的国家实力

饮茶图

支持,研膏茶也越做越好。后来,南唐灭了闽国,"北苑"自然成了南唐贡茶园。南唐好景不长,当年那个"垂泪对宫娥"的南唐李后主⑤,可能还没来得及品尝北苑茶,就成了宋太宗的阶下囚。北宋吞并了南唐,"北苑"又到了大宋天子的名下。不久,皇家御茶园就从顾渚移到北苑。北苑御茶——龙团凤饼将中国茶文化推向了高峰,名冠天下。赵氏朝廷也没忘记张廷辉的功劳,北宋太平兴国五年(980年)张廷辉病逝,朝廷特批为其在茶园建张阁门使庙。后来不断地追封名号,宋高宗赵构⑥(1107—1187),追封张廷辉为"美应侯"、"效灵润物广佑侯",进封"济世公",并为张阁门使庙亲赐额"恭利祠"。从此,"阁门使"张廷辉就被历代茶人敬为"茶神"。

宋太祖和宋太宗兄弟俩鉴于五代军阀混战的教训,采取了右文政策,使得有宋一代经济大繁荣,文化大发展。从宗教、哲学、史学、文学、音乐、艺术到出版、建筑、陶瓷、茶酒等等,当时均为世界最先进。可以说宋代夯实了中华文化的基石,扩大了东亚汉文化的版图。陈寅恪⑦(1890—1969)先生曾说:中国文化"历数千年之演进,造极于赵宋之世"。裘纪平在《宋茶图典》开篇也写道:"宋代是中国文化的盛世,茶亦成就了前无古人,后无来者的妙趣奇致。……让我们一睹其(宋茶)饮趣之乐,制造之精"吧。

北宋派了重臣来督造北苑贡茶,其中丁谓⑧、蔡襄⑨两大臣的贡献最大。丁谓(962—1037),字谓之,苏州人。宋太宗至道中(约996年),

丁渭任福建转运使兼造北苑贡茶，创制了大"龙凤团茶"。大"龙凤团茶"要经过采茶、拣茶、蒸茶、榨茶、研茶、造茶和过黄等七道工序精制而成，压成团饼形状，每八饼重一斤。团饼表面印有龙凤饰纹，显示出皇家的尊贵。据说宋太宗喝了大"龙凤团茶"，龙颜大悦。大"龙凤团茶"立刻名噪天下。丁渭还主持编著了《北苑茶录》，详细介绍了团饼茶的制作工艺。纵观宋代茶书，北苑御茶制作工艺十分讲究：一选料要精，选择生长环境好的春芽，而且白芽为上；二蒸茶要香，茶蒸得太生过熟都不行，不香更不行；三榨茶要净，建茶味厚，必须把茶汁榨出，才不会苦涩。茶汁再熬成茶膏，茶膏可以刷在茶饼上，既美观，茶的滋味又好，因为饼茶表面有一层光泽，故人称"蜡面茶"。茶膏也可以单独使用，叫"建州茶膏"⑩；四研茶要细，宋代榨过的茶要用水磨研磨，这样才能使茶末细腻；五造茶要工，造茶的模具要雕刻精细，压制的茶饼方正圆润美观；六过黄要良，过黄就是焙茶，团茶先用烈火烘焙，再以沸水烫过，反复三次，最后用温火烟焙一次，焙好过汤出色，随即放在密闭的室内，用扇子快速煽动，以保证茶色光润；

七包装要丽，用竹箬、棉纸、绸缎、金银包装茶饼，使龙凤团茶华贵富丽。

北宋庆历年间（约1041—1048），蔡襄（1012—1067）任福建转运使主持北苑茶事。蔡襄，字君谟，号端明，人称蔡福州，兴化府仙游人（今福建莆田仙游）。宋朝有"苏、黄、米、蔡"四大书法家，"蔡"就是蔡襄。蔡襄在大"龙凤团茶"的基础上又创制了小"龙凤团茶"。小"龙凤团茶"比大"龙凤团茶"更加精致，每20个茶饼一斤，价值为黄金二两。当时在京城开封，有头有脸的人物都希望得到一片小"龙凤团茶"，可谓"金可有，而茶不可得。"蔡襄还写了《茶录》一书，上篇论品茶，对茶的色、香、味和点茶的全过程作了精辟的论述；下篇论茶器，详细介绍了制茶和烹茶用具的选择。《茶录》系统论述了华夏茶艺，陈椽教授的《茶品通史》将蔡襄誉为"中国品茶第一人"。

"龙凤团茶"越做越精，宣和二年（1120年），漕臣郑可简（生卒时间不详）别出心裁创制了"龙团胜雪"（也叫龙园胜雪）。"龙团胜雪"用"银丝水芽"精制而成。《北苑别录》记载：茶叶分为"紫芽、中芽、小芽"三个等级。做御

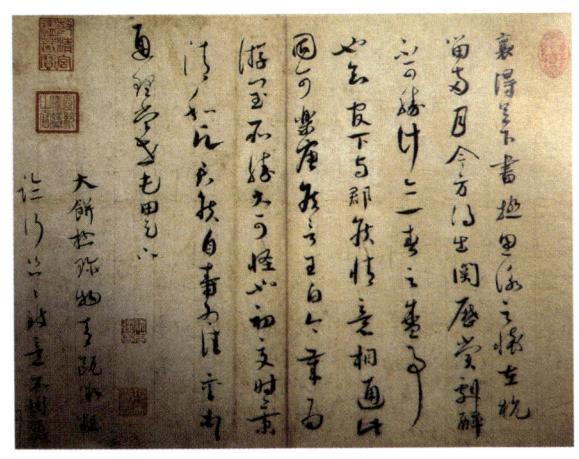 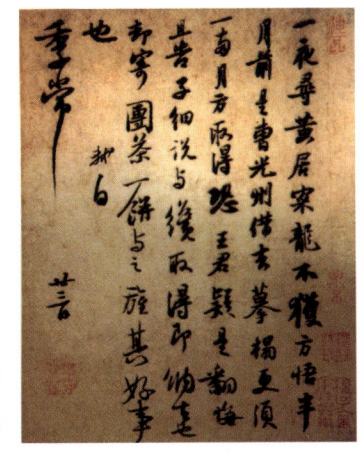

左：北宋苏东坡书法；右：北宋蔡襄书法

茶紫芽是舍弃不用的。中芽古称"一枪一旗"，现在叫"一叶一芽"，用来制作普通团茶。小芽，就是刚刚长出的幼芽，其中最精细像针毫一般的叫着"水芽"。"龙团胜雪"就是采用这么精细的茶芽，还要经过洗涤16次，蒸焙12宿。加工好的"龙团胜雪"，每个方寸大小，重不过二钱，色白如雪，再加上考究的包装以快马送往京城。宋徽宗见到如此精美的"龙凤团茶"，龙颜大悦，立刻研膏冲点，果然茶味非比寻常，达到北苑御茶"香、甘、重、滑"的最高境界。皇上高兴了，郑可简也官升右文殿修撰，福建路转运使。

宋朝人对本朝北苑饼茶的优良质量颇为自豪，黄儒在《品茶要录》一书写道："昔者，陆羽号为知茶，然羽之所知者，皆今日之所谓草茶，何哉？如鸿渐所论，蒸笋并叶，畏流其膏，盖草茶味而淡，故恐去其膏。建茶力厚而甘，故惟欲去膏"。并说："借使陆羽复起，阅其金饼，味其云腴，当爽然自失也。"

好茶还要好茶具，宋代茶具有十二先生之称，韦鸿胪——藏焙，木待制——砧椎，金法曹——茶碾，石转运——茶磨，胡员外——茶勺，罗枢密——罗合，宗从事——茶帚，漆雕秘阁——茶托，陶宝文——茶盏，汤提点——汤瓶，竺副帅——茶筅，司职方——茶巾。建州还出产了专门用于斗茶的铁胎黑碗——兔毫盏。兔毫盏胎厚，可以使茶汤保温，白色的茶汤和黑色的茶盏可以看清乳花泛起和消散的变化过程。兔毫盏由僧人传到日本,因为日本人不清楚出产地,就以得到兔毫盏的地点浙江天目山称其为"天目碗",并奉为"国宝"。

宋代喝茶叫"点茶"或"斗茶"。其过程是:候汤——烧开水;协盏——烫热茶盏;点茶——先将茶末放入茶盏,加入少许开水调成粥状,紧接着一边冲入沸水,一边用茶筅快速击拂,使之泛出乳花(点茶共注水七回,分别叫一汤、二汤、三汤、四汤、五汤、六汤、七汤),谁的乳花多消散慢,谁就是赢家。斗茶是一种审美活动,要调动听觉(候汤)、视觉(汤花)、嗅觉(茶香)、味觉(醇爽)、触觉(碾、罗、击拂),将品茶上升到赏玩的美学高度。日本人从学习宋代点茶而发展出的日本抹茶道,还基本保留了点茶的方法。

点茶的最高水平是分茶,也叫"茶百戏""生成盏""漏影春",是依靠水色与茶色的脉流在茶盏内

天目碗——兔毫盏

流动变化所产生的无穷变幻，创造出美丽的图画，用心体会其中之奥妙。分茶技艺早已失传，只能从宋代诗文中去领会了。

有人说"唐诗是酒，宋词是茶"，宋代写茶，无论形象还是意境都堪称一绝。陆游⑪在福建任官多年，对北苑十分了解，他写下《建安雪》：
建溪官茶天下绝，香味欲全须小雪。
雪飞一片茶补忧，何况蔽空如舞鸥。
银瓶铜碾春风里，不枉年来行万里。
从渠荔子腴玉肤，自古难兼熊掌鱼。

陆游开篇直入主题"建溪官茶天下绝"，并说吃到福建荔枝又品尝北苑茶，真是鱼和熊掌都得到了。再看看苏东坡⑫《水调歌头·桃花茶》：
已过几番雨，前夜一声雷。
旗枪争战，建溪春色占先魁。
采取枝头雀舌，带露和烟捣碎，
结就紫云堆。
轻动黄金碾，飞起绿尘埃。
老龙团，真凤髓，点将来兔毫盏里，
霎时滋味舌头回。
唤醒青州从事，战退睡魔百万，
梦不到阳台。
两腋清风起，我欲上蓬莱。

苏东坡一生爱茶，从咏茶佳句"从来佳茗似佳人"到品茶妙语"我欲上蓬莱"，他的一系列咏茶诗篇道尽了宋代饼茶文化的精髓。

宋代最大的茶痴，应该是大宋皇帝，人称治国无能、文艺天才的宋徽宗⑬。宋徽宗应该到过北苑，总结古往今来的茶事实践，他以九五之尊亲自撰写《大观茶论》一书，从地产、天时、采择……外焙等20个方面极其详尽地描写茶产业和茶文化全过程，提出茶味"香、甘、重、滑"的四大标准，指出茶有"祛襟涤滞，致清导和……冲澹闲洁，韵高致静"的功能，从此"清、和、澹、静"成为中国茶文化的"四圣谛"。宋徽宗晚年被金国俘虏，关押在北方，归国无望，他却仍忘不了北苑饼茶。清朝陆廷灿《续茶经》引《华夷花木考》一则故事：宋徽宗一次被押解到一个空旷的庙宇。这时，有一胡僧（外国和尚）带两童子为宋徽宗送上点茶，茶味香美。饮罢再要，无人响应，到后殿一看，原来是三个泥菩萨。《宣和遗事》⑭还记载，看守宋徽宗的金兵主管阿计替，见到菩萨显灵，赶忙跪拜宋徽宗，说"王归国必矣，敢先为大王贺"。宋徽宗答道，如果真有这一天，我一定会报答你的。看来茶对于宋徽宗似乎是个祥瑞。当然，宋徽宗到死也没能回国。

龙凤团茶越做越精，对原料要求越来越高。人们发现武夷山碧水丹山上出的茶叶质量最好，就在武夷山开辟了茶园。到了元朝，皇家御茶园干脆搬到武夷山九曲溪畔。"北苑御茶"也改为"武夷御茶"。中国边疆的游牧民族很早就学会了喝茶，茶叶能补充营养帮助消化，成为他们的生活必需品。成吉思汗⑮曾说，蒙古人宁愿一日无粮，也不能一日无茶。唐宋时期都把茶马交易作为国家的重要经济政策。游牧民族的上层人士还发展出优雅的茶文化，考古发掘发现辽金墓葬中，那惟妙维肖的壁画上，记录了辽金贵族喝茶之考究。元朝建立了横跨欧亚的大帝国，西到地中海，北到俄罗斯，南到南亚次大陆，当年都臣服于蒙古铁骑之下。可想当年武夷御茶那方方圆圆的龙凤饼，被元朝皇帝赐给多少藩国，成为人们心仪的珍品带到世界各地。意大利旅行家马可波罗⑯也曾慕名来到建宁府（今建瓯市），他在著名的《马可波罗游记》中写了对这个美丽城市的观感。

宋朝将华夏茶文化发展到了极致，并传播到周遭列国，韩国发展了茶礼，日本发展成茶道。特别是茶道，它不仅是喝茶的仪式，而且是日本文化核心精神的重要内容。一百多年前，正当西方列强称霸世界之际，日本茶人冈仓天心⑰用英文写下了《茶之书》，极力宣传东方文化的优雅，认为喝茶的民族是最文明的。《茶之书》是茶文化的经典之作，喜爱茶之人都应该读一读。冈仓天心书中写道："日本茶道的仪式，让人得以见识最极致的饮茶理念。公元1281年，日本成功阻挡了蒙古大军的入侵，使得受游牧民族侵略、在中国本土遭到无情扼杀的宋代文化，能在这块土地上继续发展下去。在日本人的手上，茶所代表的，不仅是借由特定的饮茶形式，体现某种理念；它更是一种对生命精彩之处的信仰。茶，是人们私心崇拜优雅所使用的托词。"（台湾五南文库《茶之书》，56页）

注：①建安郡：郡名，吴景帝永安三年（260年）置。郡治建安（县治在今福建省建瓯市一带），属扬州。领八县：建安、建平、南平、昭武、将乐、东安、侯官、吴兴。东晋时建安郡属江州。唐武德四年（621年），在六朝的建安郡故地置建州，天宝元年（642年），改为建安郡。领六县：建安、邵武、浦城、建阳、将乐、沙县。干元元年（758年），复为建州。

②《云笈七签》：摘要辑录《大宋天宫宝藏》内容的一部大型道教类书。北宋天禧三年（1019年），当时任著作佐郎的张君房编成《大宋天宫宝藏》后，又择其精要万余条，于天圣三年至七年（1025—1029）间辑成本书进献仁宗皇帝。道教称藏书之容器曰"云笈"，分道书为"三洞四辅"七部，故张君房在该书的序言中有"掇云笈七部之英，略宝蕴诸子之奥"等语，因名《云笈七签》。

③研膏茶：就是团茶，因为研磨茶叶成团而得其名。其精品为"龙凤团茶"。

④王审知：又名王审之（862—925），字信通、祥卿，号白马三郎，河南光州固始人。自光启元年（885年）入闽直到去世，在闽39年，其中在福州32年，先后任福州观察副使、威武军留后、检校刑部尚书、威武军节度使、同中书门下平章事、检校右仆射、检校司空、特进检校司徒、检校太保、琅琊王、中书令、福建大都督长史、闽王等。

⑤南唐李后主：李煜，五代十国时南唐国君，961年—975年在位，字重光，初名丛嘉，号钟隐、莲峰居士。彭城（今江苏徐州）人。南唐元宗李璟第六子，于宋建隆二年(961年)继位，史称李后主。开宝八年，宋军破南唐都城，李煜降宋，被俘至汴京，封为右千牛卫上将军、违命侯。后因作感怀故国的名词《虞美人》而被宋太宗毒死。李煜虽不通政治，但其艺术才华却非凡。精书法，善绘画，通音律，诗和文均有一定造诣，尤以词的成就最高，创作了千古杰作《虞美人》、《浪淘沙》、《乌夜啼》等词。在政治上失败的李煜，却在词坛上留下了不朽的篇章，被称为"千古词帝"。

⑥宋高宗赵构：（1107—1187），名赵构，字德基，南宋开国皇帝，北宋皇帝宋徽宗第九子，宋钦宗之弟，曾被封为"康王"。赵构政治上昏庸无能，然精于书法，善真、行、草书，笔法洒脱婉丽，自然流畅，颇得晋人神韵，传世墨迹有《草书洛神赋》、《正草千字文》及《光明塔碑》等。

⑦陈寅恪：江西义宁（今修水县）人，1890年7月3日生于湖南长沙，1969年10月7日卒于广州，中国现代最负盛名的历史学家、古典文学研究家、语言学家。清华百年历史上，四大哲人之一（另外三位是叶企孙、潘光旦、梅贻琦）。他在1929年所作的王国维纪念碑铭中首先提出以"独立之精神，自由之思想"

为追求的学术精神与价值取向。陈寅恪对学术研究的态度严谨,傅斯年对他进行这样的评价:"陈先生的学问,近三百年来一人而已!"

⑧丁谓:(966—1037),字谓之,后更字公言,江苏长洲县(今苏州)人。宋真宗大中祥符五年至九年(1012—1016)任参知政事(次相),天禧三年至干兴元年(1019—1022)再任参知政事、枢密使、同中书门下平章事(正相),前后共在相位七年。

⑨蔡襄:(1012—1067),字君谟,汉族,仙游人,原籍仙游枫亭乡东坨村,后迁居莆田蔡坨村,天圣八年(1030)进士,先后在宋朝中央政府担任过馆阁校勘、知谏院、直史馆、知制诰、龙图阁直学士、枢密院直学士、翰林学士、三司使、端明殿学士等职,出任福建路转运使,知泉州、福州、开封和杭州府事。卒赠礼部侍郎,谥号忠。主持建造了我国现存年代最早的跨海梁式大石桥泉州洛阳桥。蔡襄为人忠厚、正直,讲究信义,而且学识渊博,书艺高深,书法史上论及宋代书法,素有"苏、黄、米、蔡"四大书家的说法。蔡襄书法以其浑厚端庄,淳淡婉美,自成一体。

⑩建州茶膏:世界上最早的熬制茶膏。宋初《清异录》有一段话:"得建州茶膏,取得耐重儿八枚,胶以金缕,献于闽王曦。"建州茶膏现已失传。

⑪陆游:(1125—1210),字务观,号放翁。汉族,越州山阴(今浙江绍兴)人。南宋诗人。少年时即受家庭中爱国思想熏陶,高宗时应礼部试,为秦桧所黜。孝宗时赐进士出身。中年入蜀,投身军旅生活,官至宝章阁待制。晚年退居家乡,但收复中原信念始终不渝。创作诗歌很多,今存九千多首,内容极为丰富。抒发政治抱负,反映人民疾苦,风格雄浑豪放;抒写日常生活,也多清新之作。词作量不如诗篇巨大,但和诗同样贯穿了气吞残虏的爱国主义精神。杨慎谓其词纤丽处似秦观,雄慨处似苏轼。著有《剑南诗稿》、《渭南文集》、《南唐书》、《老学庵笔记》。

⑫苏东坡:(1037—1101),北宋文学家、书画家。字子瞻,又字和仲,号东坡居士。汉族,眉州眉山(今属四川)人。与父苏洵、弟苏辙合称"三苏"。他在文学艺术方面堪称全才。其文汪洋恣肆,明白畅达,与欧阳修并称"欧苏",为唐宋八大家之一;诗清新豪健,善用夸张比喻,在艺术表现方面独具风格,与黄庭坚并称"苏黄";词开豪放一派,对后代很有影响,与辛弃疾并称"苏辛";书法擅长行书、楷书,能自创新意,用笔丰腴跌宕,有天真烂漫之趣,与黄庭坚、米芾、蔡襄并称"宋四家"。诗文有《东坡七集》等,词有《东坡乐府》。

⑬宋徽宗:名赵佶(1082—

1135），神宗第 11 子，哲宗弟。哲宗病死，太后立他为帝。在位 25 年，国亡被俘受折磨而死，终年 54 岁，葬于永佑陵（今浙江省绍兴县东南 35 里处）。徽宗酷爱艺术，在位时将画家的地位提到在中国历史上最高的位置，成立翰林书画院，即当时的宫廷画院。他对自然观察入微，曾写道："孔雀登高，必先举左腿"等有关绘画的理论文章。广泛搜集历代文物，令下属编辑《宣和书谱》、《宣和画谱》、《宣和博古录》等著名美术史书籍。对研究美术史有相当大的贡献。他的真迹有《诗帖》、《柳鸭图》、《池塘晚秋图》、《竹禽图》、《四禽图》等。徽宗独创的瘦金体书法独步天下，直到今天相信也没有人能够超越。这种瘦金体书法，挺拔秀丽、飘逸犀利，即便是完全不懂书法的人，看过后也会感觉极佳。

⑭《宣和遗事》：讲史话本，宋代无名氏作，元人或有增益。是成书于元代的笔记小说辑录，结合了多个类型的笔记小说并以说书的方式连贯而成。像是宋人口吻。据说源出宋本，但可能经过后人增订。如书中说宋朝卜都之地，"一汴、二杭、三闽、四广"，当是宋亡以后所加。宣和是宋徽宗的最后一个年号，该书大概由讲述历代帝王荒淫误国开始，一直写到宋高宗定都临安为止，加插了宋代奸臣把持朝政致使生灵涂炭的故事，也为写梁山英雄聚义做了对照，因此成为《水浒传》的蓝本。

⑮成吉思汗：孛儿只斤·铁木真（1162—1227），蒙古帝国可汗，汗号"成吉思汗"。世界史上杰出的政治家、军事家。1271 年元朝建立后，忽必烈追尊成吉思汗为元朝皇帝，庙号太祖，谥号法天启运圣武皇帝。在位期间多次发动对外征服战争，征服地域西达西亚、中欧的黑海海滨。

⑯马可波罗：（1254—1324），13 世纪来自意大利的世界著名的旅行家和商人。17 岁时跟随父亲和叔叔，途经中东，历时四年多到达蒙古帝国。他在中国游历了 17 年，曾访问当时中国的许多古城，到过西南部的云南和东南地区。回到威尼斯之后，写下著名的《马可·波罗游记》记述了他在东方最富有的国家——中国的见闻，激起了欧洲人对东方的热烈向往，对以后新航路的开辟产生了巨大的影响。

⑰冈仓天心：（1863—1913），日本明治时期著名的美术家、美术评论家、美术教育家、思想家。冈仓天心是日本近代文明启蒙期最重要的人物之一，同是对日本近代文明有过重要贡献的福泽谕吉认为日本应该"脱亚入欧"，而冈仓天心则提倡"现在正是东方的精神观念深入西方的时候"，强调亚洲价值观对世界进步作出贡献。

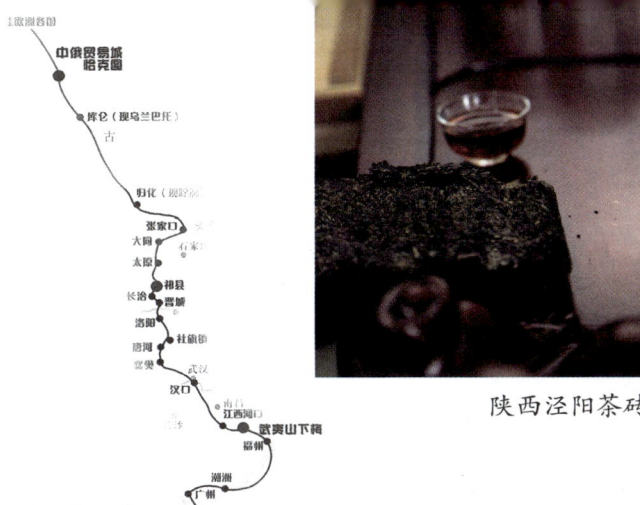

陕西泾阳茶砖

## 第四节
## 万里茶路觅茶砖

经过五代、宋、元400多年的发展，武夷饼茶在北苑御茶和武夷御茶辉煌过后，就是多年的沉寂。明朝，朱元璋①为减轻农人之苦，也可能这位平民皇帝没有泡茶的雅兴，他不要包装华丽、冲饮繁琐的龙凤团茶，下了一道圣旨，"不要再贡团茶，进贡散茶就行。"

明朝罢团茶用散茶，直接改变了中国茶文化的形态。首先兴起的是炒青绿茶。绿茶制造工艺由蒸青发展到炒青是中国茶叶生产的革命性进步，茶叶的质量提高，品种增多。江南茶区依靠天时地利人和的优势，炒青绿茶名优茶品迅速冒出，饮茶文化也推陈出新。明朝第一篇重要的茶著作是朱权的《茶谱》。朱权（1378—1448）是朱元璋第十七子，

明洪武二十四年（1391年）封宁王，建封邑大宁（今内蒙古赤峰），统领三卫精骑（大部是蒙古兵）。燕王朱棣打南京，先用计谋夺得大宁，去了宁王的兵权。永乐元年（1403年），朱棣当了皇帝，又把宁王改封到南昌。政治上没了作为，朱权就把精力用到文化上，他自号臞仙，涵虚子，丹丘先生。朱权好学博古，著述宏富。《茶谱》讲述了品茶的精神内涵和操作要点，可以看出，当时散茶刚刚兴起，团茶并未完全退出，茶人正把抹茶法与民间毛茶法结合，新的瀹茶法——泡茶法，即将成为中国茶文化的主流。《茶谱》还介绍了花茶制法，一种是把梅、桂、茉莉花蕊放入茶瓯，让它在茶瓯中，借助热气，自然开放，品茶时既有

温建平在万里茶路中心

藏茶砖

喧。独啜曰幽，二客曰胜，三四曰趣，五六曰泛，七八曰施。"（清·程作舟《茶社便览》）明朝的"吴中四杰"[3]文征明、祝枝山、唐伯虎、徐祯卿也酷爱茶文化，留下了许多优秀的描绘山林之下、清泉之旁、雅室之中，品茗养生的佳作。比如，文征明的《品茶图》《惠山茶会记》，唐伯虎的《品茶图轴》《烹茶图卷》，仇英《松亭试泉图》等等。茶文化由唐宋时皇家主导逐渐转变为皇家与名士共同主导，再到民间为主导。在宋徽宗《大观茶论》提出"清、和"品茶文化精神的基础上，明以后的茶人又突出了"怡、真"。"怡"是怡情养性，怡然自得；"真"是茶要真香真味，茶人要真性情，得天然之韵味。

明代大量茶书记载显示，明朝御贡罢团茶用散茶，团饼茶是逐步退出市场的。明朝沈德府《野获编补造》中说："宋贡茶，俱碾而揉之，为大小龙团。至洪武二十四年九月，上以重劳民力，罢造龙团，惟采芽茶进贡，其品有四，曰探春、先春、次春、紫笋。"武夷茶味厚，回甘慢而持久，素有"晚甘喉"之称，饼茶用榨汁法，可去除苦涩味，使其优势尽显。采用蒸青芽茶，难以去除苦涩味，难敌江南绿茶。后来

情趣，又香气宜人；一种是以纸糊竹笼分两层，上层置茶，下层置花，让花香熏入茶中。这与现代花茶制法颇为相似。明朝政治严酷，不得志的文人们干脆寄情山林喝茶解闷。朱权开启了中国茶文化自然瀹茶法的先河，自然瀹茶成了文人雅士的最爱。"饮茶以客少为贵，客多为

武夷贡茶不被喜爱,"明朝不贵闽茶,即贡,亦备宫中浣濯瓶盏之需……即间有采办,皆延平产,非武夷也,盖斫所种,武夷真茶久绝。"(清•《枣林杂俎》)武夷茶竟然沦落到被宫廷当做洗涤剂用的可怜地步。明嘉靖三十六年(1557年),由于御茶园疏于管理,茶树枯败,武夷茶停止进贡,武夷御茶园也关闭了。从此,武夷御茶风光不再,武夷茶业遇到一次大转型。

武夷山茶人不甘心茶业的衰败,从困难中寻找机会。明朝中期,崇安县令招黄山僧人到武夷山教授炒青松萝茶③制法,获得成功。武夷雨前炒青绿茶被茶人认可,明代茶人著述中多有提及。明末,中外交流增加。荷兰人开发了海上贸易之路,中国的茶业、瓷器、丝绸运往欧洲。

荷兰人开始主要卖日本茶,后来发现武夷茶优于日本茶,随后以进口武夷茶为主。欧洲人发现茶业的价值,西班牙、葡萄牙、瑞典、英国人接踵而至。武夷茶(Bohea)成了当时中国茶的代名词。著名的瑞典歌德堡号⑤沉船中,就装载了大量的"武夷茶"。有一位台湾茶人,对我讲述他喝过歌德堡号沉船中的武夷茶的经历,直夸口感不错,但愿事实真是如此,那么武夷陈茶真是"越陈越香"了。

陆上茶业贸易也热闹起来。明崇祯⑤十一年(1638年)俄国大使斯塔尔科,在恰克图用貂皮、麝香等物换取武夷茶64公斤带回彼得堡,献给沙皇,从此沙皇和贵族就爱上了武夷茶。(引自《武夷山志》)明朝末年,朝廷对茶叶贸易的控制

清末明治时期,台湾纯手工翻青制茶

晋商万里茶道的起,下梅古镇,邹氏家祠牌坊

松动，晋、陕、徽商兴起，徽商垄断江南茶区，陕商独占藏茶，晋商⑥则开辟了万里茶路。万里茶路的起点为武夷山茶区，经江西河口镇转入信江，入鄱阳湖，走长江，经汉口，过河南，到达山西，再由骆驼队走西口，过蒙古大草原沙漠，一直到俄罗斯的恰克图。最早经营此条茶路的是山西榆次常家和忻县渠家等商家，后来太谷乔家等商家也加入了。大批晋商因贩茶致富，赚得盘满钵满。

生意好了，茶业者制茶的积极性也提高了。明末，武夷山茶人制作了世界上第一批红茶⑦和世界上第一批青茶⑧（乌龙茶）。清中期，大武夷之建阳县樟墩生产出世界上第一批白茶⑨——寿眉；政和县发现了新品种——小乔木的政和大白茶，以此生产出白茶精品——白毫银针；建阳小湖祝仙洞发现了新品种——小乔木的水仙茶，以此制成了闽北水仙乌龙茶，闽北水仙乌龙茶在1914年巴拿马世界博览会⑩上获得金奖；武夷山的岩茶，作为最高质量的乌龙茶，享誉中外，久盛不衰。这期间，潮州人功不可没，茶界有个说法"武夷产茶，潮州喝茶"，此话不假。多年来，武夷岩茶近半数销往潮州，或消费或转销海外。潮州功夫茶艺还带动茶具的发展，泥炭炉、紫砂壶、青花杯、橄榄炭⑪至今仍是茶人最爱。

这几百年间，武夷以生产散茶为主，那么，武夷山还有没有生产过方方圆圆的饼（压制）茶呢？带着这一系列疑问，我们在万里茶路上，似乎找到了一点饼（压制）茶的踪迹。

当时晋商销往恰克图的是砖茶，那么晋商从武夷山运走的是散茶还是压制茶？2006年，当我开始步入万里茶路时，就有这个念头。在连续六年的访茶中⑫，我看到湖南安化黑茶、湖北赵李桥砖茶，一查身世，历史上这都是晋商的天下。而如今，当地茶厂，还有从武夷山购入茶梗、茶片、茶叶的惯例，据说可提高砖茶的口感品质。这使我联想到，当时晋商，很有可能是从武夷山将散茶运入两湖地区，再拼配压制成砖茶，运销海外。鸦片战争后，中国在列强坚船利炮的打击下，开放了口岸，英俄商人就都在福州马尾口岸开设过砖茶厂，压制过武夷茶，后来又在汉口设厂。如今，赵李桥最珍贵的一款茶砖就是当年为英国TWININGS公司压制的，前几年又复制百年纪念茶砖，现在此砖也是价格不菲。据《民国建瓯文献数据》记载，清同治十二年，俄商前来大武夷建瓯设厂,当年产砖茶 4500 担。《建瓯县志》记载,清光绪三年(1877年),俄商从建宁府运往福州的砖茶达 3.5 万担。只可惜,现已无法见到实物。

令人欣慰的是,以上资料说明,武夷饼(压制)茶并没有完全消失。随着茶产业和茶文化的发展,茶人定会不断创造出那或方或圆的饼茶呈现给爱茶之人。

明万历松萝茶碑

注:① 朱元璋:(1328—1398),明朝开国皇帝。原名朱重八,后取名兴宗。汉族,濠州钟离(今安徽凤阳)人,25 岁时参加郭子兴领导的红巾军反抗元朝暴政,元至正二十一年(1361 年)受封吴国公,十年自称吴王。元至正二十八年(1368 年),在基本击破各路农民起义军和扫平元的残余势力后,于南京称帝,国号大明,年号洪武,建立了全国统一的封建政权。朱元璋统治时期被称为"洪武之治"。其葬于明孝陵。

② 明朝的吴中四才子:指明中叶生活在吴中地区的祝允明(祝枝山)、唐寅(唐伯虎)、文征明和徐祯卿。唐寅、祝允明、文征明不独能诗,且善于书法、绘画,以多才多艺见称。

③ 松萝茶:为历史名茶,属绿茶类,创于明初,相传为大方和尚所创制,是第一款炒青茶。松萝茶产于安徽休宁城北 15 千米的松萝山,山高 882 米,与琅源山、金佛山、天保山相连。山势险峻,石壁悬空,峰峦耸秀,松萝交映,蜿蜒数里,风景秀丽。唐时松萝山有松萝庵。茶园多分布在该山 600—700 米之间。此间气候温和,雨量充沛,常年云雾弥漫,土壤肥沃,土层深厚,所长茶树称"松萝种",树势较大,叶片肥厚,芽叶壮实,浓绿柔嫩,茸毛显露,是加工松萝茶的上好原料。

④ 瑞典哥德堡号:(East Indiaman Gotheborg)是大航海时代瑞典著名远洋商船,曾三次远航中国广州。1745 年 1 月

11日，"歌德堡号"从广州启程回国，船上装载着大约700吨的中国物品，包括茶叶、瓷器、丝绸和藤器。当时这批货物如果运到歌德堡市场拍卖的话，估计价值2.5至2.7亿瑞典银币。

8个月后，"歌德堡Ⅰ号"航行到离歌德堡港大约900米的海面，离开歌德堡30个月的船员们已经可以用肉眼看到自己故乡的陆地，然而就在这时，"歌德堡号"船头触礁，随即沉没，正在岸上等待"歌德堡号"凯旋的人们只好眼巴巴地看着船沉到海里，幸好事故中未有任何伤亡。1986年开始，考古发掘工作全面展开。发掘工作持续了近10年，打捞上来400多件完整的瓷器和9吨重的瓷器碎片，这些瓷器大部分具有中国传统的图案花纹，少量绘有欧洲特色图案，显然是当年"歌德堡号"为特定客户专门订购的"订烧瓷"。更加让人们吃惊的是，打捞上来的部分茶叶色味尚存，至今仍可放心饮用。歌德堡人将一小包茶叶送回了它的故乡广州，供广州博物馆公开展出。

⑤崇祯：明思宗年号。朱由检（1610—1644），明光宗第五子，明熹宗异母弟，明第十六位皇帝，母为淑女刘氏，年号崇祯。于天启二年（1622年）被册封为信王。明熹宗于公元1627年8月病故后，由于没有子嗣，他受遗命于同月丁巳日继承皇位。次年改年号"崇祯"。1627年—1644年在位，在位17年，李自成军攻破北京后于煤山（景山）自缢身亡，终年35岁，葬于思陵。

⑥晋商：通常意义上的晋商指明清500年间的山西商人，晋商经营盐业、茶业、票号等商业，尤其以票号最为出名。晋商也为中国留下了丰富的建筑遗产，著名的乔家大院、常家庄园、渠家大院等等。

⑦红茶：全发酵茶类，是以茶树的芽叶为原料，经过萎凋、揉捻（切）、发酵、干燥等典型工艺过程精制而成。因其干茶色泽和冲泡的茶汤以红色为主调，故名红茶。红茶的鼻祖在中国，世界上最早的红茶由中国福建武夷山茶区的茶农发明，名为"正山小种"。红茶种类较多，产地较广，如祁门红茶、滇红、宁红、福建工夫红茶等等。

⑧青茶：亦称乌龙茶，属半发酵茶，是中国几大茶类中，独具鲜明特色的茶叶品类。乌龙茶是经过杀青、萎凋、摇青、半发酵、烘焙等工序后制出的质量优异的茶类。乌龙茶由宋代贡茶龙团凤饼演变而来，创制于1725年（清雍正年间）前后。品尝后齿颊留香，回味甘鲜。乌龙茶的药理作用，突出表现在分解脂肪、减肥健美等方面。在日本被称之为"美容茶"、"健美茶"。乌龙茶为中国特有的茶类，主要产于福建的闽北、闽南及广东、台湾三个省。近年来四川、

湖南等省也有少量生产。乌龙茶除了内销广东、福建等省外，主要出口日本、东南亚和港澳地区。

⑨白茶：六大茶类之一。白茶为福建特产，主要产区在福鼎、政和、松溪、建阳等地。基本工艺包括萎凋、烘焙（或阴干）、拣剔、复火等工序。萎凋是形成白茶质量的关键工序。白茶具有外形芽毫完整，满身披毫，毫香清鲜，汤色黄绿清澈，滋味清淡回甘的品质特点。属轻微发酵茶，是我国茶类中的特殊珍品。因其成品茶多为芽头，满披白毫，如银似雪而得名。此外，中国浙江的安吉白茶和贵州正安白茶因自然变异，整片茶叶呈白色，不同于带有白色绒毛的一般白茶，因此还是属于绿茶类。

⑩巴拿马世界博览会：全称是"1915年巴拿马——太平洋国际博览会"（The 1915 Panama Pacific International Exposition）。当时主要是为了庆祝巴拿马运河被开凿通航而举办的一次盛大的庆典活动。会址设在美国旧金山市，博览会从1915年2月20日开展，到12月4日闭幕，展期长达9个半月，总参观人数超过1800万人，开创了世界历史上博览会历时最长、参加人数最多的先河。中国作为国际博览会的初次参展者，第一次在世界舞台上公开露面，并取得了令世界瞩目的成绩。

⑪泥炭炉、紫砂壶、青花杯、橄榄炭：及潮州功夫茶艺四宝。潮州功夫茶即潮汕茶道，是我国古老的茶文化中最有代表性的茶道。据考，在唐朝时期茶文化已经十分完善，沿海一带人们都十分喜欢饮茶，在潮汕当地更是把茶作为待客的最佳礼仪并加以完善，这不仅是因为茶在许多方面有着养生的作用，更因为自古以来茶就有"待君子，清心身"的意境。功夫茶最讲究的是："茶具"与"冲法"。茶具有十几种，其中红坭炉、紫砂壶和青花杯最重要，而烧水的燃料最考究的是橄榄炭。

⑫赵李桥砖茶：属于青砖茶，属黑茶种。以老青茶做原料，经压制而成青压青茶。其产地主要在湖北省咸宁地区的薄圻、咸宁、通山、崇阳、通城等县，已有100多年的历史。青砖茶外形为长方砖形，色泽青褐，香气纯正，滋味尚浓无青气，水色红黄尚明，叶底暗黑粗老。

五十年代湖北茶业公司赵李桥茶厂制造的红茶砖背面

武夷山茶园

1997年水仙茶饼

1996武夷岩茶小沱茶

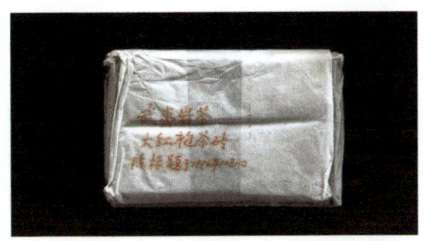

2006年竹缘堂大红袍茶砖内里

2006年竹缘堂大红袍茶砖背面

## 第五节
## 风华再现红袍惊艳

上世纪前后,中国经历了两千多年以来未有之剧变。中国人民为摆脱半殖民地半封建的地位,经受了无数苦难。中国茶产业也由盛到衰。印度斯里兰卡红茶业异军突起,日本绿茶营销畅旺,而我国战火不断,茶叶出口大国地位自然不保。至抗日战争胜利时,武夷山的茶产业已十分凋零。据林馥泉[①]先生的论文《武夷茶叶生产制造及运销》记载,"当时全山茶叶年产量仅四百担……全山荒芜,茶厂坍塌,满目皆是。是故此优越之天产,茶之上品将一蹶不振,或有湮没之一日。"时任全国茶叶负责人的吴觉农先生,励精图治,对当时中国茶叶的复原,做了极大的贡献,吴老被誉为当代茶圣实是当之无愧的。在吴老领导下,出现了中国现代十大茶人,如,冯绍裘先生(1900—1987)为湖南黑茶云南滇红红茶作出了贡献,被誉为"红茶之父、黑茶之父";庄晚芳先生（1908—）对江南绿茶及中国茶学研究与教学颇有建树；陈椽先生（1908—1999）对中国茶史和营销的研究与教学功高至伟；吴振铎先生（1918—2000）为福建及台湾茶叶都做出了卓越贡献，被台湾茶人誉为"台湾茶叶之父"；张天福先生（1910—）对制茶机械的研发、茶产业和茶文化的发展贡献巨大，如今"百岁茶人"为激励培养我国新一代茶人健康成长，他提出了中国茶礼"俭、清、和、敬"的思想，被广大茶文化爱好者学习践行。

1949年，吴觉农任农业部副部长，新中国茶叶产业得到了迅速恢复和发展。上世纪五六十年代初全国茶区掀起了种茶高潮，许多高山深谷都种了茶树。（我到过不少茶山，经常可以看见上世纪五六十年代种植的茶园，它们或被利用，或淹没于树木杂草之间。我曾站在高山上，面对这些茶园，产生莫名的感慨。好在人们逐渐认识到它们的价值，这些茶叶被制成"高山茶""野生茶""老丛茶"进入市场，深受消费者喜爱。）现代化的茶厂建立起来，中茶公司等营销体系设立了。崇安（武夷山）成立茶叶科学研究所，扩充了崇安茶场，建瓯茶厂实现了机械化生产。武夷岩茶、闽北乌龙、闽北水仙成了外贸出口的紧俏商品。

相比外贸的发展，武夷茶内需

市场启动较晚。改革开放以前，中国实行计划经济，精品茶多供茶叶外贸出口换取外汇，国内消费者难以取得。我从小生在茶区，当年解渴主要喝茶梗或农户手工采制的粗茶。上山下乡在农民家也是把自家产的茶倒入大陶罐中，任人解渴。改革开放后，武夷山的群众，包括茶农也只以茶头（茶梗）为饮料，难得喝到茶叶，更谈不上喝好茶。

上世纪80年代，经济发展带动茶产业，武夷茶人开始恢复五大名丛，研制新品种。武夷山茶科所研发肉桂茶苗无性繁殖获得成功，武夷岩茶肉桂连续几年获国家商业部评比金奖。肉桂大面积扩种，武夷岩茶多了一款看家茶品。纯种大红袍的茶苗无性繁殖②又获得成功。拼配大红袍的国家标准设立了，茶叶小包装兴起，精品茶不断推出。茶叶种植扩大，农业技术改良，产量显著增加。产量突增后，却必须面对市场的滞后。武夷岩茶主销区为港澳台、日本以及潮汕、漳州地区，销量不能满足产量。岩茶价格上不去，成本下不来。一段时间里，这些问题困扰着武夷山茶业界。时任武夷山茶科所所长的陈德华老师正在星林镇挂职副镇长，为解决茶叶库存，他开始研究武夷岩茶的储存

作者在2006年奥运茶产业专家委员会成立大会上与福建茶学会冯会长

问题。1994年陈德华到云南参加全国茶学会年会，在下关茶厂参观学习，当看到一大堆散茶经压制后只需一小间库房就可存储，他萌发了压制武夷岩茶饼的念头。1995年，他委托云南下关茶厂，压制了第一批武夷岩茶小沱茶。这批小沱茶，无论从外形到口感，都能被大家接受。接着他就与云南、四川等方面洽商技术转移，得到的答复却是，代加工没问题，普洱茶加工工艺保密，无法提供机器设备和技术人才。世上无难事，只怕有心人，陈德华铁了心，一定要上饼（压制）茶项目。他利用开会的机会，到福州华侨塑料厂参观塑料冲压机。回武夷山后，

与农械厂技术人员一道，自制图纸，终于制出了第一部液压武夷岩茶压茶机，并一次压制成功。经过不断摸索，又掌握了蒸压、干燥的技术要领。1997年，为迎接香港回归，德华老师批量压制了一批武夷岩茶水仙条形茶砖，当年就销到广东等地。这批茶砖后来辗转销到香港茶艺乐园陈国义先生手中，它与陈年普洱茶一道摆放在精品货柜之中，受到香港茶友的喜爱。2005年，陈德华老师担任武夷山星愿（中国）茶业有限公司副董事长时，为该公司设计投产了第一条武夷岩茶饼（压制）茶生产线。2006年陈德华老师从星愿公司退休，他看好武夷岩茶饼（压制）茶的市场潜力，指导武夷山爱德华实验茶场、北斗茶业科学研究所和星光茶厂制作了精品大红袍茶砖，这批茶砖得到福建茶学会高度评价并获得福建科委奖励。

制作武夷岩茶饼（压制）茶一开始是为茶叶储藏考虑的，无意中倒合了古人对乌龙茶嫌新爱陈的喜好。有诗云"雨前虽好但嫌新，火气难除勿近唇，藏得深红三倍价，家家卖弄隔年陈。"并注记："上游山中人类不饮新茶，云火气足以引疾。新茶下，贸陈者急标以示，恐为新累也，价亦三倍。"（清·周亮工[③]《闽茶曲》）直到现在，武夷山茶师傅还是不喝当年新茶，要喝老陈茶，尤其是陈年老丛水仙，更加抢手。一般说来，新茶清香爽口，陈茶沉香醇厚，茶人各有所好。茶龄稍长者，会偏向浓茶，陈年老茶醇如老酒的感觉确实让人难以忘怀。

大红袍砖（压制）茶面世后，经过六年的实战，武夷茶人已在配料、压制、存储、市场营销，积累了丰富的经验。在一批岩茶的爱好者中，不少人开始收藏武夷岩茶饼（压制）茶，茶人们从这些方方圆圆的饼茶中来品尝武夷岩茶特有的醇厚岩韵。几家大的岩茶厂也加入制作武夷岩茶饼（压制）茶的行列，出了一批好茶。武夷岩茶饼（压制）茶已经存储了一定数量的陈茶，拉开了产品梯次，为茶友们品老茶、藏新茶的消费模式打下了基础。

2009年在台北茶博会上，当我冲泡大红袍茶砖给茶友享用时，大家都为茶香之醇、茶汤之细腻而折服。我的一位好友是台湾乌龙茶制茶高手，他谦虚地说，"这种茶我们台湾生产不出来。"台湾茶理事会会长圣轮法师品过后，其他武夷岩茶不要，一定要分两片大红袍茶砖带给理事会同事品品。

在深圳一次茶友会上，在品过

众多茶品之后,大家茶兴仍高,索要好茶。我只好拿出镇宅之宝——2006年纯种大红袍茶砖。当金黄色的茶汤落入众口,突然现场的人都静默了。这茶汤对于这批遍尝天下好茶之人来说,实在太特别了,它温而不火,和而不霸,细腻而绵密,滑爽得入口即化。一位茶友事后说,这一次对他来说是艳遇,这叫"风华再现,红袍惊艳"。

注:① 林馥泉:原籍福建,台湾著名茶学家。1943年时任福建示范茶厂茶师,在武夷山研究武夷茶的栽培、制作、营销、文化等方面的工作。1943年,福建省农林处农业经济研究室出版的第二号农业经济研究丛刊《武夷茶叶之生产制造及运销》,是林馥泉的茶叶专著之一,为后人研究武夷茶提供了翔实的记载。1956年林馥泉著《乌龙茶及包种茶制造学》,对台湾包种茶的历史进行了详细的研究和探讨。

② 茶苗无性繁殖:(Asexual Reproduction)是指不经生殖细胞结合的受精过程,由母体的一部分直接产生子代的繁殖方法。在林业上常用树木营养器官的一部分和花芽、花药、雌配子体等材料进行无性繁殖,俗称"扦插""嫁接"。花药、花芽、雌配子体常用组织培养法离体繁殖。生根后的植物与母株的基因是完全相同的。用此法繁育的苗木称无性繁殖苗。武夷水仙茶从发现到移植,就是采用无性繁殖苗的方法,故水仙茶只有地域区别和年份区别,没有品种区别。

③周亮工:(1612—1672)字符亮,又有陶庵、减斋、缄斋、适园、栎园等别号,学者称栎园先生、栎下先生。明末清初文学家、篆刻家、收藏家。江西省金溪县合市乡人,原籍河南祥符(今开封)人,后移居金陵(今江苏南京)。崇祯十三年进士,官至浙江道监察御史。入清后历仕盐法道、兵备道、布政使、左副都御史、户部右侍郎等,一生饱经宦海沉浮,曾两次下狱,被劾论死,后遇赦免。生平博览群书,爱好绘画篆刻,工诗文,着有《赖古堂集》、《读画录》等。

在联合国卫赛节上向柬埔寨僧王奉茶

为日本长老泡武夷岩茶

与台湾茶人何老师

向台湾中华佛教会长净良长老赠送武夷岩茶

与普洱专家吕礼臻

与台湾陶艺师三古慕农

与台湾坪林茶叶博物馆长

## 第二部分
# 品鉴武夷岩茶饼
## （压制）茶

### 第一节
## 武夷茶之分类

茶叶的分类：（一）依植物学的分类，以茶树类型分为乔木、小（半）乔木、灌木，以茶叶叶面大小分为大叶、中叶、小叶，综合有叫大叶种乔木茶，小叶种灌木茶等；以茶树发芽迟早分为早生种、晚生种；（二）依地域分类，分为福建茶、浙江茶、江苏茶、安徽茶、云南茶、湖南湖北茶等等。武夷茶属于福建茶的一类，也称作闽北茶，此外还有闽南茶（安溪、永泰、漳平等）、闽东茶（福鼎、福安等）；（三）依制作方法分类，我国茶叶习惯上依制作工艺［控制酶在茶叶中的自然氧化（发酵）过程］分为四种工艺六大类茶：

```
                    ┌→ 绿茶（龙井、碧螺春、黄山毛峰等）
            ┌→ 不发酵 ┤
            │       └→ 黄茶（霍山黄芽、洞庭毛尖等等）
            │
            │       ┌→ 青茶（也叫乌龙茶。武夷岩茶大红袍、安
中国茶叶 ────┤→ 半发酵 ┤    溪铁观音、广东凤凰单丛、台湾高山茶等等）
            │       └→ 白茶（白毫银针、白牡丹、寿眉等）
            │
            ├→ 全发酵 ──→ 红茶（正山小种、坦洋工夫、宜茶、滇红、宁红等等）
            │
            └→ 后发酵 ──→ 黑茶（普洱茶、湖南黑茶、湖北砖茶、藏茶、广西六堡茶等等）
```

（四）依商业营销习惯分类，分为精品茶、礼品茶、新茶、陈茶、野生茶、养生茶等等。

本书武夷指的是闽北，武夷茶泛指闽北茶；武夷山茶则指武夷山市出产的茶叶；武夷岩茶特指武夷山风景区周边生产的乌龙茶。这个划分，只为了叙述的方便，并非严格意义上的分类。武夷茶的分类：

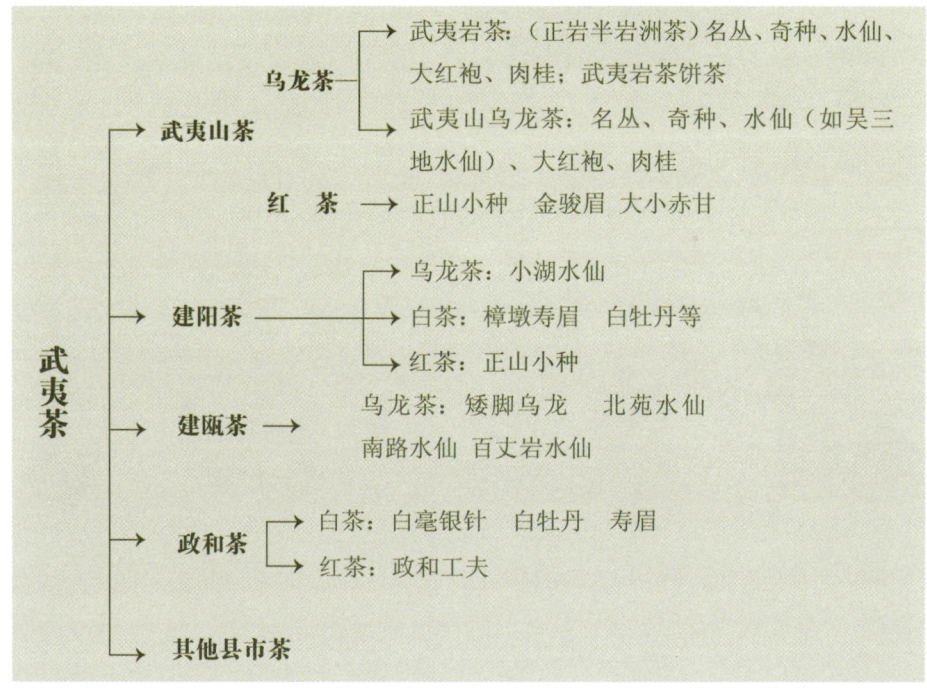

## 第二节
## 武夷岩茶饼（压制）茶的制作工艺

上世纪70年代安溪铁观音茶饼

　　目前，武夷茶区只有武夷岩茶开发出饼（压制）茶，而且形成了产业化，开拓了市场。因此，以下内容仅介绍武夷岩茶饼（压制）茶的制作、选购、品饮与茶艺等方面的一些现状。供茶友们参考。

　　武夷岩茶饼（压制）茶是在武夷岩茶制作的基础上，增加蒸压、干燥等程序制作而成。要了解武夷岩茶饼（压制）茶工艺，先要了解武夷岩茶制作工艺。

　　武夷岩茶是乌龙茶的鼻祖，这已得到茶学界的公认。它是何时何地由何人发明的，我们可以从民间传说和文献数据两方面来考证。

　　发明武夷岩茶工艺的传说很多，但有一点是共同的，就是采制茶过程中茶叶原料偶然被发酵，产生了这绿叶红边的乌龙茶。有一个民间故事十分感人——杨太伯公（也有文章称为"杨太白君"）巧制乌龙茶。故事有两个版本，一个版本认为杨太伯是武夷山制茶师傅。他本姓杨，因为吃苦耐劳，乐于助人，制茶特别认真，村民就尊称他为"太伯"。有一次，杨太伯进山采茶，返回茶厂途中，因多日辛劳，又累又饿，坐在路旁石头上，不知不觉睡着了。一觉醒来，才发觉茶篓里的茶叶，经太阳晒过，全都变软了。这时天色已黑，他赶回家中，把蔫巴巴的茶叶摊开在灶旁，就急忙烧水做饭。

吃过饭，杨太伯有了精神，突然闻到一股清香从茶摊上飘来。香气飘散到村里，好奇的村民顺着香气找到杨太伯家。当大家看到地上被日晒火烤后黑乎乎卷曲曲的茶叶，却为杨太伯担心起来："这茶准卖不出去了"。杨太伯的这些茶只能留给自己喝，可是这些茶冲泡出来，不苦不涩，回甘还好，越久越醇，村民们都来讨要。杨太伯做出好茶的消息也不胫而走，因为茶叶乌黑发亮，所以叫它"乌龙茶"。后来，经过杨太伯的改进，乌龙茶制作工艺逐步完善了，武夷山茶农都改制乌龙茶。茶叶生长在碧水丹山的岩石上，大家就管它叫武夷岩茶。

另一个版本认为杨太伯是个仙人，有一年武夷山大旱，茶树枯死很多。杨太伯看见茶农生计困难，就从天宫下到武夷山，传授茶农乌龙茶的技术。茶叶质量大大提高，茶价也就高了，茶农不但没有因产量下降而亏钱，反而挣了不少。茶农为了感谢杨太伯，从此尊称杨太伯为"杨太伯公"。后人又把杨太伯公奉为武夷岩茶茶神，并在武夷山为他立了祠堂，家家户户供上杨太伯公的画像，以保佑茶农年年做好茶。"文革"期间，杨太伯公的画像被当做"四旧"给破除了。陈鸿棉老师曾给我描述过"杨太伯公"的样子——身穿儒装，头戴纱帽，一副文士模样。也许某一天，我们会发现"杨太伯公"再现武夷山岩茶村。

最早记录武夷岩茶制法的文字，最重要的有一诗一文。茶文是王复礼[①]（生卒年代不详）的《茶说》。王复礼，字需人，号草堂，浙江钱塘（今杭州）人，明朝大儒王阳明的后人。清初，受崇安县令邀请到武夷山游玩，随即移居武夷山。王草堂爱茶，他在《茶说》中记载，"武夷茶……茶采后，以竹筐匀铺，架于风日中，名曰晒青。矣其青色渐收，然后再加炒焙。阳羡芥片，只蒸不炒，火焙以成。松萝、龙井皆炒而不焙，故其色纯。独武夷炒焙兼施，烹出之时，半青半红，青者乃炒色，红者乃焙色。茶采而摊，摊而摝，香

气发越即炒，过时不及皆不可。即炒即焙，复拣去其中老叶枝蒂，使之一色。"文中所记录的武夷岩茶制作法摘、摊、晒、摇、炒、焙、拣。

这些工序与现在的武夷岩茶制法大致相同。

而记录武夷岩茶制作的诗歌，是比王草堂《茶说》更早30年的《武夷茶歌》。《武夷茶歌》系僧人释超全[2]制作，释超全（1627—1712）本姓阮，名浔锡，字畴生，号梦庵，福建同安人。明末清军入关，释超全曾加入郑成功军队参与海上抗清活动。后兵败流落于武夷山中，落发为僧，取名超全。当年武夷山寺观是乌龙茶生产的主力，释超全在参与制茶的过程中，写就了《武夷茶歌》，真实地记录了武夷岩茶制作工艺：

建州团茶始丁谓，贡小龙团君谟制。
元丰敕献密云龙，品比小团更为贵。
元人特设御茶园，山民终岁修贡事。
明兴茶贡永革除，玉食岂为遐方累。
相传老人初献茶，死为山神享庙祀。
景泰年间茶久荒，喊山岁犹供祭费。
输官茶购自他山，郭公青螺除其弊。
嗣后岩茶亦渐生，山中籍此少为利。
往年荐新苦黄冠，遍采春芽三日内。
搜尽深山粟粒空，官令禁绝民蒙惠。
种茶辛苦甚种田，耕锄采摘与烘焙。
谷雨届期处处忙，两旬昼夜眠飧废。
道人山客资为粮，春作秋成如望岁。
凡茶之产惟地利，溪北地厚溪南次。
平洲浅诸土膏轻，幽谷高崖烟雨腻。
凡茶之候视天时，最喜天晴北风吹。
苦遭阴雨风南来，色香顿减淡无味。

释超全

近时制法重清漳，漳芽漳片标名异。
如梅斯馥兰斯馨，大抵焙得候香气。
鼎中笼上炉火温，心闲手敏工夫细。
岩阿宋树无多丛，雀舌吐红霜叶醉。
终朝采摘不盈掬，漳人好事自珍秘。
积雨山楼苦昼间，一宵茶话留千载。
重烹山茗沃枯肠，雨声杂沓松涛沸。

　　这首诗描写了乌龙茶的来历、制作工艺、山场优劣、茶叶品种以及茶商营销手段等等，是研究中国茶史，特别是乌龙茶史的重要资料。诗中描写的制茶工艺与现在武夷岩茶制茶工艺基本相同。诗中珍贵地记录了明朝景泰年间（1450—1456）武夷山罢团茶贡散茶后茶农的窘境，当时武夷山贡茶官府不要，可贡茶不能少，茶农只好花钱买外地茶进贡。直到郭青螺任上才"除其弊"，武夷山茶园也才得以复兴。郭青螺③，本名郭子章，江西泰和人，万历年间（1573—1620）曾任福建转运使，后任潮州知府。其著作《潮中杂记·物产志》中说：

　　"潮俗不甚用茶，故茶之佳者不至潮。惟潮阳间有之，亦闽茶之佳耳，若虎丘、天目等茶，绝不到潮。"

　　这说明当时潮州人喝的是福建武夷山茶（最有可能是武夷山炒青茶，因为如今炒青绿茶仍然是潮州人的普通饮品），正因为有此渊源，直到今日潮州人还是酷爱武夷山茶。我很喜欢同潮州人饮茶，他们喜欢大盖碗小茶壶，投茶量很大，茶汤浓郁，还非要有点苦涩，几杯下去，享受苦尽甘来的人生境界。这些年，闽南乌龙茶走了一条清香的路，茶叶越采越嫩，茶汤越来越清。武夷山茶农却执着地坚持传统工艺不动摇，而潮州茶人坚持喝传统武夷岩茶不改变。也正是武夷山茶农和潮州茶人的执着，才使得武夷岩茶和潮州功夫茶艺共同成为了中国近现代茶文化的奇葩。

　　几百年来，武夷岩茶工艺经代代茶人的精心研究，越发精致。武夷岩茶紧压茶，是在武夷岩茶散茶的制作基础上，又增加了几道工序而成，工艺程序如下：

**采摘→萎凋→摇青→炒青→揉捻→初焙→拣别→匀堆→拼配→复焙（足火）→装模→蒸压→烘干→入仓（陈化）→包装出货**

　　1、采摘：武夷岩茶春茶采摘时间在每年四月下旬至五月中下旬左右。过去武夷山多为菜茶，菜茶每株发芽不匀，故一块茶园要分多次采摘，最后一次称为"洗山茶"。如今，岩区茶园已采用无性繁殖扦插技术，品种大多为水仙、肉桂、

鬼洞奇岩

梅占、大红袍等优良品种。一个品种一般同时抽芽,一次采摘完成。武夷岩茶一般只采一季春茶,个别茶农会多摘一季秋茶或冬片茶。茶叶鲜叶以新梢芽发育全部成熟为采摘标准,即形成柱芽,俗称"开面采"(有小开面、中开面、大开面)。一般掌握中开面,采一芽2—3叶,最多4叶,现在大多茶茶园都用机械采摘。但武夷岩茶的名贵品种茶,仍需要人工采摘。人工采摘要领:掌心向上,以食指钩住鲜叶,拇指指头动,将新茶折断或掰断,力求保持芽叶新鲜完整,尽量避免折断、破伤、散叶、热变等情况,以免影响制作的质量。

2. 萎凋:俗称倒青。采摘青叶,入厂后立刻摊晾开来,若有阳光最好,如遇阴雨天则要采用烘青烤火加温倒青,经过此法使茶叶蒸发失水、褪色,由深绿变成暗绿色,叶片软化无法直立,形象地称为"倒下的青叶"——倒青。倒青看似简单,却要有经验和很高的技术在其中,它是形成岩茶香气韵味的基础环节,大凡茶师必亲力亲为,倒青中还需凉青,也极为重要。

3. 做青:也叫"摇青""做手"。方法是,将萎凋后的茶青装入摇青机(手工制作则是用水筛),视品种、香气、青叶变化情况,每1～2小时摇转数周,再静置再摇转,其原理是在摇与静置、一动一静不断交替的过程中,让青叶互相摩擦生热,使部分水分蒸发,又促进茶梗上的有效物质向叶面传送,青叶产生水解氧化,叶缘细胞被破坏,芳香物质生成。芳香物质的生成往往经过从青草香、花香到果香的过程,茶师依据自身经验和茶叶品种,决定何时停止摇青。做青是形成岩茶质量的最关键程序。

4. 杀青:又称炒青,主要是抑制酶的活性,控制酚的氧化,固定做青时形成的绿叶红边的质量,炒青现大都采用滚筒式炒锅,炒锅温度一般240～260℃(每次炒茶时间6～8分钟,这些要依茶叶品种和青叶情况而决定)。青叶在炒锅中叶面变皱,失去光泽,茶梗变软,叶色转黄,水气蒸发,清香飘逸,手握有黏性即可出锅。

5. 揉捻:揉捻的目的,一是形成茶叶条形;二是挤出茶汁,使其依附茶叶表层,有利于冲泡出有效特质,增加茶汤的浓香味。揉捻过程有手工和脚踏,现都是用揉茶机揉捻,一般5～6分钟就可完成。

6. 初焙:俗称"走水焙"。多数经过炭笼式烘干机,使炒制后的茶叶干燥，抑制酶性氧化，蒸发水分，同时可消除苦涩味，提高滋味醇厚度。

做到这一步的武夷岩茶称为毛茶，有经验的茶商这时开始到茶农家品尝、下单，茶农再根据茶商要求继续以下茶叶精制程序：

7. 匀堆：也称为归堆、打堆，一种是将一种成品茶或质量接近者归为一大堆；另一种是将同种茶依香气、水质不一者进行归堆，以便调整出市场所需的不同类型茶叶商品。

8. 拼配：即将不同品种的成品茶进行适量混合，以形成一种香色味适合消费者需求的商品茶，以提高茶叶质量，增强武夷茶的性价比。拼配是一项极高的手艺，没有多年的制茶经验是难以胜任这项工作的。

9. 拣剔：这是茶叶的精制环节。需拣剔出茶梗、茶片，从外形上分出茶叶等级。现在武夷岩茶已部分使用分选机、色选机拣剔，效率大大提高。但优质武夷岩茶，还是离不开人工操作。

10. 复焙：这是武夷岩茶散茶成品茶的最后一道工序。复焙有电焙、炭培两种。现如今，武夷岩茶优质茶仍然保留炭火焙工艺。即将茶叶在60～120℃高温炭火下焙6小时，甚至更长。依消费者口味，复焙分中火、足火、高火几类。炭焙之茶，经过一段时间退火，会表现出不俗的口感。优秀的茶师，经多年摸索，其焙茶风格独特，不同的厂家也形成各自不同的茶叶质量特征，这也是武夷岩茶的迷人之处。（以上内容参考科学出版社《武夷茶经》）

武夷岩茶的制作过程从茶化学角度看，一是茶叶内含茶多酚、氨基酸等物质，在温度和机械运动的综合氧化发酵过程中转化为茶黄素和茶红素等物质，从而使茶叶的苦涩味降低或减弱，冲泡后茶汤更滑爽醇厚。二是茶叶内的芳香类物质（约有二三百种）在制作过程中逐步稳定，茶农根据经验和需求，保留花香、果香或乳香等茶香。武夷岩茶最高贵的香型，一般认为是兰花香，它娇而不艳，香而不腻，清幽致远。好的武夷岩茶一般都有兰花底韵。

武夷岩茶的制作过程也可以用中国传统学说《易经》⑤的阴阳五行思想来阐释。阴阳是宇宙的大学问，所谓"一阴一阳之谓道"。简单来说，阳代表太阳、刚健、火、单数；阴代表月亮、柔韧、水、复数。五行用宇宙中五种物质——金、木、水、火、土，代表生成万物的基础。比如，

鬼洞奇种

茶叶是"木"，日光炭火是"火"，大气和茶叶中的水分是"水"，制茶的工具是"金"，茶树长在土壤上茶叶又采回地上是"土"；制茶过程中，五行相互作用运动，促进茶叶变化。再就是阴阳，《易经》④讲"动静有常，刚柔断矣"，"刚柔相摩，八卦相荡"，"刚柔相推而生变化"。武夷岩茶的制作非常符合《易经》这个道理，晒青是变柔（阴），凉青是复刚（还阳）；摇青是变柔（阴），静置是复刚（还阳）；炒揉是变柔（阴），烘焙是复刚（还阳）。一阴一阳，一静一动，一刚一柔，一泡好茶就是这样千锤百炼制作出来的。所以，有时朋友们问我"茶是这么做出来的？"我会回答："折腾出来的。一片茶叶只有被折腾到'死去活来'，就像道家修炼一样，炼精化气，炼气化神，'精气神'具足才能成就一杯好茶。当然，茶叶被折腾死了它也就完了。这就要有功夫。"

六大茶类只有武夷岩茶的工艺如此复杂，这可能与武夷山的文化底蕴有关。武夷山是道教名山、儒家理学重镇，大红袍的主庭是千年古刹——天心永乐禅寺⑤。儒释道三教都重视《易经》，乌龙茶的制作方法产生在武夷山绝不是偶然的。

现在，已经采用计算机程序制茶，希望有一天武夷山茶人能自觉用《易经》原理指导制茶，那个气象就大不同了，茶产业也能办成文化产业了。

武夷岩茶散茶到此，已经成型，可以出货。但武夷岩茶饼（压制）茶还需再加几个工序。

1. 选料：目前市场上的武夷岩茶紧压茶分有几种：①选用单一品种精品茶，纯种大红袍、肉桂、老丛水仙⑥等材料；②选用拼配优质武夷岩茶成品茶——大红袍；③选用普通武夷茶；④利用茶梗、茶片、茶末。

武夷岩茶紧压茶经过十多年的实践证明，茶叶陈放得好，可以提高质量，产生醇香厚韵。但茶叶本身的质量并不会因陈放而改变，好茶会越变越好，劣质茶则无法因陈放而变为优质茶，甚至会在氧化过程中发酸而变质。这与普洱茶、黑茶等的要求异曲同工。

因此，选取好的武夷岩茶散茶做原料是武夷岩茶紧压茶质量的关键。

2. 装模：武夷岩茶是炭焙茶，在制作过程中，茶叶表面胶质较少，手工压制难以成型，故现基本上采用机制。首先是开模，根据客户需求，制作或方或圆图案各异的不同模具。制茶饼时，将适量武夷岩茶装入模具。

3. 蒸压：向模内加入高温蒸汽，使茶叶软化，接着压茶机在高压下使其成型。

4. 干燥：经脱模后的茶饼茶砖放入茶盘内，进入高温干燥室，脱水干燥。

5. 入仓陈化：将干燥后的茶饼茶砖，放入准备好的干仓内储存。十几年来，陈德华老师对武夷岩茶饼（压制）茶的储存做了许多有益的尝试。他们把同一种茶品，分别放在不同地域，观察其陈化过程。初步试验说明武夷山由于气候四季分明，干湿季节明显，饼茶变化较理想。武夷岩茶紧压茶在五年后开始冲饮，较之散茶在茶叶的醇香韵味上有一定的优势。陈老 1997 年压制的武夷岩茶水仙茶砖，其色香味与陈年普洱相比，同年份的茶品质优于普洱，口感干爽醇滑。

6. 包装出货：一般武夷岩茶饼（压制）茶先用绵纸包装，再装入纸盒或木盒出厂，供消费者选用。

武夷饼（压制）茶还有一类制法，他们以武夷岩茶原料采用云南普洱茶的工艺，压制生熟茶饼[7]。这类产品简化了乌龙茶的制作工艺，发展前景有待进一步观察。

注：① 王复礼：字需人，号草堂，浙江钱塘（今杭州）人。性孝友，能文善诗赋，书法绘画俱精。康熙十四年（1674 年），康熙南巡到浙江，西河太守毛太史以其所撰《兰亭》《孤山》两志进呈，获康熙召见，受奖谕并刊行。康熙四十七年（1707 年）应聘主持鳌峰书院，选寓武夷，寓天柱草堂。康熙五十二年（1712 年），王复礼撰《武夷九曲志》，崇安县令陆廷灿为其作序。

② 释超全：（1627—1712），俗名阮日锡，同安（今厦门市同安县）人。明末布衣，曾文忠樱（南明文渊阁大学士）门人，师事曾樱传性理学，患难与共，性嗜茶，幼习茶书，随师在郑成功储贤馆为幕僚，善烹功夫茶，有制茶工艺。明亡，师尽节，弃家行遁，身怀功夫茶艺而奔走四方。遍览名山大川，尽尝天下名茶，

慕武夷之名，约于康熙二十五年（1685年）入武夷天心禅寺为茶僧。与闽南籍僧人超位、超煌等人交好，常在寺院共赴茶宴，在一起切磋功夫茶艺，以茶谈禅，以茶论道，以茶说经，还与"毁家从军抗清，明亡隐居茶洞"的李卷相好，传习茶艺。阮氏对道藏释典、诸子百家、兵法战阵、医卜方伎，无不淹贯。他的主要著作有《夕阳寮诗稿》、《海上见闻录定本》和《幔亭游稿》等书。他的《武夷茶歌》与《安溪茶歌》是研究武夷茶文化的名篇，是福建乌龙茶创始于武夷山的历史佐证，是传递乌龙茶制作的第一手数据。

③郭青螺：（1543—1618），字相奎，号青螺，又自号曰蕡衣生。嘉靖二十一年（1543年）出生于江西泰和县一个书香门第。隆庆五年（1571年）考中第三甲第二十四名进士，随即除为福建建宁府推官、摄延平府事，入为南京工部虞衡清吏司主事，又督榷南直隶太平府、领凤阳山陵（即明祖陵）事。

内鬼洞

万历十年（1852年）迁广东潮州府知府，四年后督学四川，不久迁为浙江参政、山西按察使、湖广右布政、福建左布政。万历二十六年（1598年）被万历皇帝任命为右副都御史巡抚贵州、兼制蜀楚军事，封兵部尚书、右都御史，加太子少保衔。万历四十六年（1618年）去世，卒年七十六岁。郭子章天才卓越，于书无所不读，著述宏富，有《粤草》十卷、《蜀草》七卷、《晋草》九卷、《楚草》十二卷、《家草》七卷、《黔草》二十一卷、《闽草》十六卷、《留草》卷、《浙草》十六卷、《闽藩草》九卷、《养草》一卷、《苦草》六卷、《传草》三十四卷及《播始末》、《豫章书》、《圣门人物志》、《阿育王山志》、《马记》、《剑记》、《六语》、《豫章诗话》、《易解》、《郡县释名》等，共二十余种均收入《四库总目》。

④《易经》：也称《周易》或《易》，是中国传统思想文化中自然哲学与伦理实践的根源，是中国最古老的占卜术原著，对中国文化产生了巨大的影响。据说是由伏羲氏与周文王（姬昌）根据《河图》、《洛书》演绎并加以总结概括而来（同时产生了易经八卦图），是华夏五千年智慧与文化的结晶，被誉为"群经之首，大道之源"。在古代是帝王之学，政治家、军事家、商家的必修之术。从本质上来讲，《易经》是一本关于"卜筮"之书。"卜筮"就是对未来事态的发展进行预测，而《易经》便是总结这些预测的规律理论的书。

⑤天心永乐禅寺：坐落于武夷山方圆120里的景区范围中心，故名。名刹的建筑在明清之际曾辉煌一时，当时寺庙的中轴在线建有弥勒殿、天王殿、大雄宝殿、观音殿、法堂、库房、斋堂、禅堂、客堂、香客楼等，两侧建有三层重楼的钟楼，鼓楼和偏殿。大构体则飞檐曲栏，壮丽雄伟；小雕件则巧夺天工，精美绝伦。大雄宝殿为重檐歇山式建筑，仰之弥增佛界庄严之感。天心永乐禅寺僧人素有种植茶叶的传统，武夷岩茶五大名丛半数由该寺产出，尤以大红袍闻名。

⑥老丛水仙：一般是指五六十年以上树龄的水仙茶树，在岩骨花香的基础上突出兰花香和丛味，抓老丛的丛味，主要有三味：木质味、青苔味、糙米味。

⑦生熟茶饼：普洱茶的类别，生茶指传统的用晒青毛茶为原料压制的饼茶，经过自然氧化的后发酵，达到越陈越香的效果。普洱熟茶以云南大叶种晒青毛茶为原料，经过渥堆发酵等工艺加工而成的茶。普洱熟茶色泽褐红，滋味纯和，具有独特的陈香。

## 第三节
# 武夷岩茶饼（压制）茶的种类与质量特征

武夷岩茶饼（压制）茶是武夷岩茶的一种类型，原则上有什么武夷岩茶散茶就能做什么武夷岩茶饼（压制）茶。因此，要了解武夷岩茶饼（压制）茶的种类，先要了解武夷岩茶散茶的种类。

几百年来武夷岩茶散茶的种类在叫法上有些变化。清初，崇安县（今武夷山市）令陆廷灿①《续茶经·茶之出》说"武夷茶在山上者为岩茶，水边者为洲茶。岩茶……其最佳者，名曰工夫茶，工夫之上又有小钟，则以茶树名为名，每株不过数两，不可多得。洲茶名色，有莲子心、白毫、紫毫、龙须、凤尾、花香、清香、奥香、选芽、漳芽等。"

1886年，郭柏苍在《闽产录异》中武夷岩茶种类是：奇种、名种、小种、次香、花香、种焙、捡焙、岩片、最佳者为工夫茶，仅一二两。

林馥泉先生的论文《武夷茶叶生产制造及运销》（1943年）对武夷茗茶的分类为：名丛奇种、单丛奇种、顶上奇种、奇种、名种、焙茶等；依茶树分为：菜茶、水仙、乌龙、铁观音、奇兰、桃仁、梅占、悉尼、肉桂、黄龙等；依地域分为：大岩茶、中岩茶、半岩茶、洲茶等；依不同茶树制成的茶品分为：以菜茶制成的大红袍、白鸡冠、铁罗汉、

武夷山吴三地百年老丛水仙

半天腰、水金龟等，用水仙制成有水仙、水仙米、奇种、名种等，用乌龙制成者有乌龙、铁观音、奇兰等。花名有素心兰、正太阳、正太阴、不见天、水红梅等800多种。

上世纪五六十年代，武夷茶分为名丛、单丛、品种、岩水仙、洲水仙、外山水仙、岩奇种、洲奇种、外山青茶、焙茶、茶头；至七十年代，则分为岩名丛、普通名丛、品种、水仙、奇种五大类型。前三类分上、中、下三等，水仙、奇种分11个等级。

本世纪初，国家制订了《武夷岩茶地理标志保护产品》②（2006年的补充和修改条例）中，确定武夷岩茶产品为大红袍（三个级）、名丛（一个级）、肉桂（三个级）、水仙（四个级）、奇种（四个级）。

初涉武夷岩茶的茶友，对如此繁杂的茶品种往往感到困惑。武夷岩茶是一种个性化极强的茶品，这也是它的品茶乐趣所在。正因为如此有"趣味"，几百年来，才有那么多文人墨客达官显贵及众多好事者乐此不疲。我的体会是，多喝茶，多喝好茶，同时要找对厂家找对产品，假以时日自然会懂的。如果说有快捷方式的话，首先弄懂武夷岩

大红袍母树

茶的主要品种——大红袍、名丛和水仙。

1. 大红袍既是茶树一个品种,同时又是武夷岩茶的一种商品。作为茶树的一个品种,它来源于武夷菜茶,经过茶人长期选育成为名丛,并为五大名丛之首(其余四个是白鸡冠、铁罗汉、半天腰、水金龟)。它的母株就是武夷山风景区九龙窠岩石上那六棵老茶树。据张天福③老先生回忆,抗日战争时期,他在武夷山担任崇安茶场场长,曾和林馥泉先生在九龙窠山边见到真正的大红袍——奇丹母树,属于天心永乐禅寺的庙产。而现在九龙窠岩石上那几棵老茶树大约是1927年左右,为保护母树,天心永乐禅寺的僧人移栽上去的。1954年,他在福建省农业厅任职到武夷山公干时,又去看那棵大红袍母树,却找不到了,天心永乐禅寺的师傅告诉他,前一年春天,一个小师傅管理茶树,下了太多肥料,结果把母树烧死了。(福建科学技术出版社,《世纪茶人张天福》,108—110页)1964年福建茶叶科学研究所④曾从母树大红袍上剪取枝条,移植于福安茶科所茶叶品种园。1985年,陈德华老师担任武夷山茶科所所长,在福安茶科所开会期间,几经周折带回五棵大红

清代从武夷山移植到台湾的老茶树

袍茶苗,并在武夷山无性繁殖成功,逐步扩大了种植面积。这些茶树还有一个名称——奇丹。此外,上世纪60年代,武夷山茶场的姚月明⑥老师曾从北斗峰找到两株优质茶树,经无性繁殖培养出北斗一号、北斗二号,也一度被叫做大红袍。第二是作为武夷岩茶的一种商品,一般以奇丹等原生种制作的武夷岩茶叫做纯种大红袍或奇丹等,制作到位的奇丹茶,茶汤金黄,有明显的桂花香,汤水柔顺绵滑;以用武夷山乌龙茶原料按国家大红袍标准拼配而成的茶叶商品叫普通大红袍或大红袍,由于各厂家所用原料不同,每年气候条件不一,因此这些茶品风格多样。这一特色也为不同的消费者提供了选择空间。

2. 名丛，特别是肉桂。名丛种类繁多，作为大宗商品茶，主要是四大名丛（白鸡冠、铁罗汉、半天腰、水金龟）和肉桂，尤其是肉桂产量高质量好，是武夷岩茶的主打商品。肉桂茶最大的特点是茶汤中有一股桂皮香味，喉韵特显。

3. 水仙。水仙茶是一个优良品种，福建茶叶有"南香北水"的说法，意思是闽南的茶叶香气高，闽北的茶叶水质好，"北水"以水仙茶尤其是老丛水仙最为突出，那茶叶特有的苔藓味带有几分清凉的粽叶香，喉韵极为突出。港澳及东南亚的茶商最喜爱的也是武夷水仙。以上三大类能明白，其他就融会贯通了。

再就是要弄清武夷岩茶的生长地域。陆羽《茶经》中明示：茶叶"上者生烂石，中者生栎壤（栎应为砾、沙土），下者生黄土"。茶叶的生长环境决定茶品的优劣。武夷岩茶特指武夷山风景区周边生产的乌龙茶，习惯上分为正岩茶、半岩茶和洲茶三大类，正岩茶又以生长于三坑两涧的茶叶最好。三坑指大坑口、慧苑坑和牛栏坑；两涧指悟源涧和流香涧（流香涧俗称倒水坑）。原则上，同样是肉桂茶，三坑两涧出产的肉桂茶价格是其他区域出产的同一品种的翻倍甚至数倍。

武夷岩茶饼（压制）茶是武夷岩茶家族的新成员，许多武夷岩茶爱好者对此还不了解。2006年，我们曾有过送某名人大红袍茶砖被冷遇的经历。

如今，还是这款大红袍茶砖却被茶友们追捧。为什么要选购茶饼呢？首先，武夷岩茶饼（压制）为消费者提供了更多茶品品尝的机会。你完全可以根据自己的喜好和消费能力选不同的武夷岩茶散茶或是饼茶。其次，武夷岩茶陈茶的魅力是茶人最爱，升值潜力大。台湾茶人池宗宪先生在《藏茶生金》一书中讲述了他品尝武夷岩茶陈茶的经验，1990年锡罐装的武夷茶，其"清、香、甘、活，在茶罐里起了温柔的醇化效果，茶汤颜色更丰润，活性更为滑顺……二十年的岁月，武夷茶藏出山水所孕育的本质。""1983年外销东南亚的'虎啸岩'牌铁罗汉……用朱泥壶……泡出茶汤色浓，入口似喝无茶，随后滑润生津，数泡后翻看叶底，仍见茶色青褐润亮！""1963年产制的'武夷奇种'茶，原本是福建省茶叶进出口公司福州商检局作为检验的茶样……罐内茶干颜色滋润，已无火气。品饮时徐徐咀嚼，令人释燥平和……"。他深情地写道："武夷陈茶，是我多年私房品味,如今见同好增加,兴起藏武夷茶风潮,加上从武夷茶的拍卖动向探析,收藏武夷茶趋势成熟。"与普洱茶一样,武夷岩茶饼(压制)茶的面世也为藏新茶喝老茶的方式提供了方便,使得武夷岩茶更具投资价值。爱德华茶场生产的1997年水仙茶砖在香港市场已升值十几倍,2006年大红袍茶砖升值潜力更大。第三,武夷岩茶饼(压制)茶比武夷岩茶散茶易存放,变化快,口感好。武夷岩茶散茶酥松,含水分低,存放起来比较麻烦,散茶易破碎受潮,受潮后影响茶汤滋味,虽然可以复焙,但每焙一次火,茶叶内含物会损失,焙火过度,还可能产生焦条炭化等有害物质生成,影响健康。

武夷岩茶饼(压制)茶烘焙压制工艺一次到位,体积小,抗挤压,密度高,不易返潮,好保存。实验证明,同年份的茶叶,压制茶陈化程度明显高于散茶,年份越长差距越大。

虽然理论上有多少种武夷岩茶散茶就能生产出多少种的武夷岩茶饼(压制)茶,但目前,依据市场需求和武夷岩茶品种特征,武夷岩

桐木关茶厂

武夷山慧苑寺　　　　　　　　　　武夷云海

茶饼（压制）茶主要产品分为三类：

　　1. 精制茶。纯种大红袍茶砖茶饼、大红袍茶砖茶饼、水仙茶砖茶饼、其他名丛茶砖茶饼等；

　　2. 纪念茶。按客户要求生产的纪念茶砖茶饼。如，张天福百年诞辰纪念茶饼、福建省政协龙凤纪念茶饼等；

　　3. 粗茶。用武夷岩茶的黄片⑥或茶末制成的茶砖茶饼。

注：① 陆廷灿："茶仙"，字秋昭，自号慢亭，出生于江苏嘉定（今上海市嘉定区南翔镇）的一个好德乐施之家，从小就跟随司寇王文简、太宰宋荦学，明理解人，深得吟诗作文的窍门，被录取为贡生，后被任为宿松教谕。曾任崇安县令，撰有《续茶经》三卷、《艺菊志》八卷、《南村随笔》六卷，并重新修订了《嘉定四先生集》、《陶庵集》。

②《武夷岩茶地理标志保护产品》：地理标志产品，是指产自特定地域，所具有的质量、声誉或其他特性本质上取决于该产地的自然因素和人文因素，经审核批准以地理名称进行命名的产品。根据中华人民共和国国家质量监督检验检疫总局 2002 年第 23 号公告，制定并颁布了《地理标志产品　武夷岩茶》国家标准。

③张天福：中国茶界大师，1910 年出生于上海名医世家，茶学家、制茶和

憧憬武夷茶

审评专家。中国茶业界普遍把张天福称为:"茶学界泰斗"。长期从事茶叶教育、生产和科研工作,特别在培养茶叶专业人才、创制制茶机械、提高乌龙茶质量等方面有很大成绩,对福建省茶叶的恢复和发展作出重要贡献。晚年致力于审评技术的传授和茶文化的倡导。

④福安茶科所:即福建省茶叶科学研究所,位于福建省福安市,在福安社口镇有实验基地和乌龙茶品种园。近百

爱德华2007年纯种大红袍茶砖正面

年来，该所为中国茶业培养了大批人才，培育出许多优良品种。

⑤姚月明：(1932—2006)，江苏省无锡人，武夷岩茶科研带头人。1953年，年仅21岁的姚月明毕业于安徽大学茶叶专业，被分配到当时全国三大茶叶试验场之一的崇安茶叶试验场任试验组长，成为该茶场第一个科班出身的茶叶专业大学生，挑起了武夷岩茶科研带头人的担子。姚月明在武夷山这个山沟沟里一待就是50余年，他执着地进行武夷岩茶研究，对茶叶品种选育、制茶技术改良、茶文化普及推广都做出了重大贡献。

⑥黄片：乌龙茶制作过程中，从毛茶中筛选出的老叶。

小湖水仙茶

2006年福建省茶叶质量检测站《武夷岩茶茶砖1997版检测报告》

第二部分 品鉴武夷岩茶饼（制压）茶

附：武夷岩茶的感官品质：

## 大红袍产品感官品质

| 项目 | | 级别 | | |
|---|---|---|---|---|
| | | 特级 | 一级 | 二级 |
| 外形 | 条索 | 紧结、壮实、稍扭曲 | 紧结、壮实 | 紧结、壮实 |
| | 色泽 | 带宝色或油润 | 稍宝色或油润 | 油润、红点明显 |
| | 整碎 | 匀整 | 匀整 | 较匀整 |
| | 净度 | 洁净 | 洁净 | 洁净 |
| 内质 | 香气 | 锐、浓长或幽、清远 | 浓长或幽、清远 | 悠长 |
| | 滋味 | 岩韵明显、醇厚、回味甘爽、杯底有余香 | 岩韵明显、醇厚、回甘快、杯底有余香 | 岩韵明显、醇厚、回甘、杯底有余香 |
| | 汤色 | 清澈、艳丽、呈深橙黄色 | 较清澈、艳丽、呈深橙黄色 | 金黄色清澈、明亮 |
| | 叶底 | 软亮匀齐、红边或带朱砂色 | 软亮匀齐、红边或带朱砂色 | 较软亮、较匀齐、红边较显 |

## 肉桂产品感官品质

| 项目 | | 级别 | | |
|---|---|---|---|---|
| | | 特级 | 一级 | 二级 |
| 外形 | 条索 | 肥壮紧结、沉重 | 肥壮紧结、沉重 | 尚紧结、卷曲、稍沉重 |
| | 色泽 | 油润、砂绿明、红点明显 | 油润、砂绿较明、红点较明显 | 乌润、稍带褐红色或褐绿 |
| | 整碎 | 匀整 | 较匀整 | 尚匀整 |
| | 净度 | 洁净 | 较洁净 | 尚洁净 |
| 内质 | 香气 | 浓郁持久，似有乳香或蜜桃香、或桂皮香 | 清高悠长 | 清香 |
| | 滋味 | 醇厚鲜爽、岩韵明显 | 醇厚尚鲜，岩韵明显 | 醇和岩韵略显 |
| | 汤色 | 金黄、清澈、明亮 | 橙黄清澈 | 橙黄略深 |
| | 叶底 | 肥厚软亮、匀齐红边明显 | 软亮匀齐、红边明显 | 红边欠匀 |

## 名丛产品感官品质

| 项目 | | 要求 |
|---|---|---|
| 外形 | 条索 | 紧结、壮实 |
| | 色泽 | 带宝色或油润 |
| | 整碎 | 匀整 |
| 内质 | 香气 | 锐、浓长或幽、清远 |
| | 滋味 | 岩韵明显、醇厚、回甘快、杯底有余香 |
| | 汤色 | 清澈艳丽、呈深橙黄色 |
| | 叶底 | 叶片软亮匀齐、红边或带朱砂色 |

## 水仙产品感官品质

| 项目 | | 级别 | | | |
|---|---|---|---|---|---|
| | | 特级 | 一级 | 二级 | 三级 |
| 外形 | 条索 | 壮结 | 壮结 | 壮实 | 尚壮实 |
| | 色泽 | 油润 | 尚油润 | 稍带褐色 | 褐色 |
| | 整碎 | 匀整 | 匀整 | 较匀整 | 尚匀整 |
| | 净度 | 洁净 | 洁净 | 较洁净 | 尚洁净 |
| 内质 | 香气 | 浓郁鲜锐、特征明显 | 清香特征显 | 尚清醇,特征尚显 | 特征稍显 |
| | 滋味 | 浓爽鲜锐、品种特征显露、岩韵明显 | 醇厚、品种特征显、岩韵明 | 较醇厚、品种特征尚显、岩韵尚明 | 浓厚、具品种特征 |
| | 汤色 | 金黄清澈 | 金黄 | 橙黄稍深 | 深黄泛红 |
| | 叶底 | 肥嫩软亮、红边鲜艳 | 肥厚软亮、红边鲜艳 | 软亮、红边尚显 | 软亮、红边欠匀 |

2006年，武夷山爱德华实验茶场为武福茶庄生产的大红袍茶砖在台湾检验报告

2006 年纯种大红袍

## 第四节
## 武夷岩茶饼（压制）茶的选购收藏与品饮

武夷岩茶饼（压制）茶的历史较短，较大批量生产是近几年的事，市场流通较少，宣传介绍不足，大部分武夷岩茶的消费者没有见过武夷岩茶饼（压制）茶，因此也谈不上对它的感受和评价。同时，武夷岩茶饼（压制）茶的生产与研发还在进行中，不断有新产品问世。要促进武夷岩茶饼（压制）茶的产品开发和市场营销良性发展，必须让厂商与茶友互动起来。本着互相交流共同提高的心意，我把这几年学习武夷岩茶饼（压制）茶的心得体会和盘托出，供茶友参考指正，希望能为发展武夷岩茶饼（压制）茶产业尽绵薄之力。武夷岩茶饼（压制）茶与武夷岩茶散茶茶质相同，形状各异，陈化后口感逐年拉大。学习武夷岩茶饼（压制）茶可以从购、藏、品三个环节入手。

### 一、买好茶：

茶好不好既有客观标准，也有主观印象。每个消费者都会有各自的"好茶"标准，只要买到自己心仪的产品就好。一般来说选茶可以注意以下几点：

一看外形。武夷岩茶饼（压制）茶是冲压制成的，无论方砖圆饼外形都十分紧结，部分产品可以看到粗壮的茶条；有些表面太光滑并有薄片翘起，又看不到茶条，就有可能是茶末压制的；如果表面看到较大叶片，可能是黄片（粗老的茶叶）压的；表面有变色，如果是黄色，一般是茶饼受潮霉变。如果是白色，一种可能是霉变，另一种可能是茶砖存放过程中吐出的白霜，这是茶砖存放过程中茶叶氧化使茶碱释出质量转化的自然现象，吐白霜后茶品的醇厚度更佳。压制的形状因各厂商使用的模具而不同。以武夷山市爱德华实验茶场出品的茶饼为例：1997—2004年的武夷岩茶砖是长条状，共八条柱；2005年改为八块饼状长条形；2006年又改为十块饼状长条形；2007年又有十二块饼状长条形。由于模具可重复使用，茶叶年份还不能只依外形确定，但有一点是确定的，该厂生产的十二块饼状武夷岩茶砖，压制年份不会早于2005年。

　　总之，好的砖饼外形紧结，茶条清晰，色泽乌黑。如果有大量黄叶片，太细碎，就要考虑是否茶叶原料不理想。

　　二是闻香气。武夷岩茶饼（压制）茶是由武夷岩茶散茶制成的，由于经过较足火的炭火烘焙，闻起来有一种自然的炭火香气，俗称焦糖香。五年以上的饼茶开始有陈味。有些茶饼在制作过程中干燥不足或存储中受潮变质，会出现酸臭味，则不应选用。

　　三是选择知名厂商的产品。生产武夷岩茶饼（压制）茶的厂家较多，良莠不齐。选购时最好选择有规模

1997年水仙饼茶

的大厂，如：武夷山爱德华实验茶场、北斗茶叶研究所、武夷山星愿（中国）茶叶有限公司、武夷山市九龙袍茶叶有限公司、武夷山市岩茶厂、武夷山市永生岩茶厂等等都是专业生产武夷岩茶的厂家，他们生产的茶砖茶饼质量较有保障。武夷山市星村星光茶厂是一家专业生产武夷岩茶饼（压制）茶的厂家，目前其加工的武夷岩茶饼（压制）茶居于武夷山市场该品种茶的首位。

四是冲泡品尝，武夷岩茶虽经过多道工序制作，但茶叶的活性还在，茶农常说"茶叶是会讲话的"。茶叶质量好坏，一冲泡品尝，优劣即显。当然你也需要有一定的经验，尤其是质量接近的茶叶，孰优孰劣，是难以分别的。好的武夷岩茶饼（压制）茶冲泡后：

1. 汤色或金黄（清香型，新茶），或酒红、浓红、琥珀色，茶汤清爽不浑浊；

2. 五年内的茶品，炭火未退，有明显的焦糖香，五年以上茶品（依储存的情况），火气消退，陈香开始显露，水质转化较同年份散茶更细腻，也更耐冲泡。

3. 茶叶叶底仍柔软有弹性，十年后茶叶开始自然木质化，叶梗乌黑明亮。

2007 正岩一级肉桂

常用品茶术语：

1. 干茶形状色泽

蜻蜓头：茶条叶端卷曲，紧结沉重，状如蜻蜓头。

壮结：肥壮紧结。

扭曲：茶条扭曲，折皱重迭。

砂绿：似蛙皮绿而有光泽。

枯燥：干燥无光泽，按叶色深浅程度不同有乌燥、褐燥之分。

2. 汤色

金黄：以黄为主，带有橙色，有深浅之分。

绿艳：清澈鲜艳，浅绿鲜亮。

黄绿：绿中微黄，似半成熟的橙子色泽，故又称橙绿。

绿黄：绿中黄多的汤色。

浅黄：汤色黄而浅，亦称淡黄色。

橙黄：汤色黄中微带红，似橙

色或橘黄色。

橙色：汤红中带黄，似桔红色。

深黄：暗黄，汤皇而深无光泽。

青暗：汤色泛青，无光泽。

昏暗：汤色混而暗，与"混浊"同义，汤中沉淀物多，混而不清，难见碗底。

红汤：常见于陈茶火烘培过头的茶，其汤色有浅红色或暗红色。

3. 香气

浓郁：浓而持久的特殊花果香。

鲜浓：香气浓而鲜爽持久。

鲜嫩：香气高洁而细腻，新鲜悦鼻。

浓烈：香气丰满而持久，具有强烈的刺激性。

清高：清香高爽，久留鼻尖，茶叶娇嫩，新鲜，制工好的一种香气。

清香：香气清纯柔和，香虽不高，缓缓散发，令人有愉悦感。

幽香：幽雅而有文气，缓慢而持久，如兰花香、花粉香或近似花的香气，但又不能具体指出那种花香的可用幽香表示。

岩韵、音韵：指在香味方面具有特殊品种香味的特征。岩韵适用于武夷岩茶，音韵适用于铁观音茶。

浓郁、馥郁：带有浓郁持久的特殊花香，称为浓郁，比浓郁香气更雅的，称为馥郁。

鲜爽：香气新鲜，活泼，嗅后爽快。

高甜：表示香气入鼻，充沛有活力，并且伴随有糖的甜美。

鲜甜：鲜爽带有甜香。功夫红茶带有此种香气，与"鲜纯"相近。

甜纯：香气不太高，但又甜感，与"甜和"同义。

高香：香高持久，高山茶或秋冬干燥季节的茶常有高香细腻的香气。

强烈：香感强烈，浓郁持久，且有充沛的活力，高档红碎茶具有这种香气。

浓、鲜浓：香气饱满，但无鲜爽特点称为"浓"，兼有鲜爽和浓的香气，称为鲜浓。

花果香：类似各种鲜花果的香气，多在秋冬季节，制作优良才有此香。

纯正：香气纯净而不高不低，无异杂气味，也称纯和。

平正、平淡：香气稀薄，但无粗老气或杂气，也称平和。

钝浊：气味虽有一定浓度，但滞钝，感觉不快。

粗淡：香气低，有老茶的粗糙气，也称粗老气。

低微：香气低，但无粗气。

青气、老青气：类似鲜叶的青

臭气味。

浊气：夹有其他气息，有沉浊不爽之感。

高火：干燥、温度较高且时间过长，干度十分充足产生的高火气。

老火、焦气：制茶中操控不当所致，轻微的焦茶气息，称"老火"，严重的称焦气。

闷火：乌龙茶烘焙后，未适当摊凉而形成一种令人不快的火气。

猛火：烘焙温度过高或过急所产生的不良火气。

闷气：不愉快，熟闷气。

异气：焦、烟、馊、酸、琛、霉、油气、铁腥气、木气等劣质气味。

4. 滋味

清醇：茶汤味新鲜，入口爽适。

甘鲜：鲜洁有甜感。

粗浓：味粗而浓。

浓强：茶汤入口后浓厚，有黏舌紧口的感觉，刺激性强，具有鲜爽的感觉和收敛性。

鲜浓：鲜快爽适，浓厚而富刺激性。

甜浓：新鲜甜厚。

鲜爽、鲜甜：汤味新鲜、如后爽适，且有甜感，也为甜爽。

回甘：汤茶入口，先微苦后回甜，收敛性强。

浓厚、浓醇：茶汤溶质丰富，

味浓而不涩，纯而不淡，浓醇适口，回味清甘。

醇厚：汤味尚浓，带有刺激性，有活力，回味爽而略甜。

醇和：汤味欠浓，鲜味不足，但无粗杂味。

纯正：滋味较淡但数正常，缺乏鲜爽，也称纯和。

软弱：味淡薄软，无活力，收敛性微弱。

平淡：味清淡但正常，尚适口，无异杂粗老味。

粗淡：味淡薄滞钝，喉味粗糙，为低级或老梗茶的滋味。

苦涩：味虽浓但不鲜不醇，入口后味觉麻木，如食生柿，也称青涩。

水味：干茶受潮，或干度不足带水味，清淡不纯。

异味：焦、烟、馊、酸、霉等劣质气

5. 叶底

肥亮：叶肉肥厚，叶色透明发亮。

软亮：叶质柔软，叶色透明发亮。

红边：做青适度，绿叶有红边或红点。红色明亮鲜艳。

暗红张：叶张发红，夹杂的暗红叶片。

死张：叶张发红，夹杂伤红叶片。

硬挺：叶质老，按后叶张很快

恢复原状。

肥厚：芽叶肥壮，叶肉厚，质软。叶脉显现。

薄瘦、飘薄：芽小叶薄，薄瘦无肉，质硬，叶脉显现。

粗老：叶质粗大，叶质硬，叶脉隆起，手指按之粗糙。

匀齐：匀是色泽调和，齐是老嫩一致。

### 二、藏妥茶：

武夷岩茶饼（压制）茶体积小，不怕压，较之散茶储存容易，但也不能随便摆放，否则陈放不出高质量的好茶。

首先，要远离化学物料及油、腥味较多的地方，以防止茶叶吸入异味。

其次，要摆在干爽通风处，但无需密封，反而应让它接触自然空气加速茶叶内的酚类、氨基酸类以及茶黄素、茶红素等物质氧化陈化过程。南方雨季期间，储存茶叶的房间最好关闭；夏秋季节，应开窗通风，排放出茶饼内的湿气。总之，既不要太潮湿，让茶叶发生霉变；又不能太干燥，使茶叶陈化过慢。

有条件的，建议将茶砖放入紫砂罐或陶罐里，没条件的话放入硬纸箱也行，然后摆在房间较高的地方，每半年或一年打开晾一晾。一般情况下岩茶砖的最佳品尝时间在8—15年间，能否继续陈放不变质，目前正有待继续观察研究。

存放普洱茶有干仓、湿仓①的分别，还有港仓、马来仓、台湾仓和北美仓等地域区别。目前，武夷岩茶饼仅在广东、福建存放，比较而言，武夷山存放的效果更好些。现在已有人将武夷岩茶饼茶放到全国不同地点存放，过些年，数据出来就可以说明问题。

香港茶艺乐园②陈国义先生在广东有现代化温控设备的大型干仓，可以有偿保管普洱茶。武夷岩茶饼（压制）茶如产量增加，客户有需求，也可以采用这一做法，这也会是一个商机。

### 三、泡靓茶

如果你会冲泡岩茶散茶，如果你是普洱茶的爱好者，那冲饮岩茶砖都没有问题。

喝茶的过程，可以极简单，也可以很复杂；可以很简陋，也可以极奢华；可以如大碗茶一样大众化地海饮，也可以在装潢千万的茶室内，在无数古董茶具、红木家俬的氛围中，一边看茶仙子表演，一边有滋有味地品茶。你可能面壁数小时、数日、数月，只面对一杯清茶，可能就是这最简单的一杯茶，让你突然开悟——啊，原来这就是道！！！

冲泡一杯茶，看似简单，却承载着厚重的文化内涵，有人说："几千年中国文化就在一杯茶汤中"，茶确实可以贯穿上下五千年，连接天地人。

怎样冲泡好岩茶砖，我的体会是先要摸透武夷岩茶特性，因时因地因人，或繁或简学习三种冲茶法：

在中国众多茶品中，武夷岩茶是个性最强的一类，特别是岩茶的特性——"岩韵"，颇有几分道家的玄机。最常见的说法叫"岩骨花香"，可是，往往人们花香好找，岩骨难寻。我刚开始接触武夷岩茶时，向老师请教，何为"岩韵"？老师告知，就是岩石的味道。当年，我还真郑重其事地闻了一阵武夷山岩石，结果自然是不明所以。后来，书读得多了，岩茶喝多了，"岩韵"的感觉似乎有了。古人讲"岩韵"有影响的一是清朝诗人袁枚③，他在武夷山中，品过武夷岩茶后说了一段话评赞武夷岩茶"先嗅其香，再试其味。徐徐咀嚼而体味之，果然清芬扑鼻，舌有余甘。一杯之后，再试一二杯。令人释燥平衿，怡情悦性。始觉龙井虽清而味薄矣，阳羡④虽佳而韵逊矣，颇有玉石与水晶品格不同之故。固武夷享天下盛名，真乃不忝，且可以瀹至三次而味犹未尽。"这里比较武夷茶与阳羡茶用到了"韵"。乾隆皇帝在《冬夜煎茶》一诗中称赞武夷茶："就中武夷品最佳，气味清和兼骨鲠。"大家认为"骨鲠"二字就是乾隆体会到的"岩韵"。再就是晚晴福建名臣梁章钜⑤，他在《归田琐记》记载了与静参羽士武夷山论茶的经验："至茶品之四等，一曰香，花香，小种之类皆有之。今之品茶者，以此为无上妙谛矣。不知等而上之，则曰清，香而不清，犹凡品也；再等而上之，则曰甘，香而不甘，则苦茗也；在等而上之，则曰活，甘而不活，亦不过好茶而已。活之一字，须从舌本辨之，微乎，微乎！"梁章钜把"香，清，甘，活"概括为"岩韵"。黄贤根老师则将"岩韵"概括为四句话"茶水厚重润滑，香气清正幽远，回甘快捷明显，滋味滞留长久。"（《武夷茶说》，110页）我的经验是武夷岩茶香气水质皆"饱满"，用大白话说叫"满嘴是茶味"。具体来说，可从"香、水、韵"三个方面来认识：

1. 香，一泡茶，第一感官就是闻香。不少青年朋友也是先喜欢上茶的香气，才爱上喝茶的。"香"要细分，从泡茶过程分为：干香、水香和叶底香。从茶香的类型分为：青草香、板栗香、茉莉香、桂花香、兰花香、蜜桃香、奶香、焦糖香、粽叶香、沉香等等。从茶品种工艺可分为：地域香（如、慧苑坑、牛栏坑、前兰等等）、品种香（如大红袍、肉桂、水仙等等）、炭焙香。好的岩茶其香气纯正，幽长，不娇不腻，有大家风范，以兰花底韵为佳。

2. 水，品茶全在茶汤。一要茶汤顺滑，不苦不涩，或苦能转甘，涩能变滑。二要回甘绵绵。三要水质细腻。四要茶汤厚酽，像喝过米汤，喝了老酒一样。五要耐泡，一般武夷岩茶可以冲八泡，武夷岩茶茶砖更加耐泡。

3. 韵，"韵"是香与水的综合指标，也是客观标准与主观感受的统一。在这里香与水化作了气，岩韵显的武夷岩茶其茶气可以直冲口腔上颚，形成一种螺旋型的气息，向上直入天门。说来有点玄，纯种大红袍喝过三杯后，一般人前额会微微沁汗，有打座练气功的人感觉

温建平在一慈茶社题字

台湾老师冲茶法

一慈茶社总经理郭咏东与温建平品饮武夷紧压茶

更明显。或者喝过武夷岩茶后,你用舌尖抵在上颚牙龈处,会感到口腔生津不止,嘴里像吃过橄榄,十分舒服。

品茶时综合香,水和韵,朋友们可以自己去体会,享受这难以言传的"韵"味。

朋友们可以自己去体会、享受这难以言传的"韵"味。

介绍泡茶的书籍很多,各有妙招。综合起来有"三泡":

(1)自然泡:茶能养生,喝出健康是首要条件。茶具选用、茶席陈设,完全可因人、因地、因时而变化,只要自然、自在、自我感觉舒服就可以。不论用什么器具冲泡岩茶砖,有几个步骤还是要注意:

一是茶量适中。先用工具或手掰开茶砖茶饼,取出适当的分量,一般每泡7—12克,根据饮茶习惯而定,也可以先将茶砖解碎,放入茶罐中,冲泡时,方便使用。

二是洗去茶尘。茶砖陈放中,表面会着一些尘土,首泡时,以沸水慢慢注入,浸过茶叶即可,五秒之内,倒干头道茶水,茶汤也可用来养壶,如用紫砂壶冲泡,还可用于淋壶。

三是随冲随饮,每人可依自身喜好,可浓可淡,细细品味,好的岩茶砖耐冲泡、耐浸泡、久浸而不苦涩。岩茶性温,多饮还能养胃健脾。

我曾有这样的体会,大暑天或运动后,出汗较多,用大瓷壶,冲一壶岩茶砖大杯痛饮,解渴、去暑、消汗,周身通泰。

(2)优雅泡。喝茶若要兼有审美,茶艺就派上了用场,优雅的环境、精致的茶席、训练有素的茶仙子，再佐以香道、书道、琴箫等乐器，真乃秀色可餐。三道茶冲毕，你可能在云里雾里醉入茶乡。这些年，随着经济发展，人们生活水平提高，讲究茶艺之人多了，茶艺人才成稀缺资源，茶艺表演花样翻新，更有甚者，十八般武艺齐上阵，看得人如痴如醉，只是忘了喝茶。

喝武夷岩茶饼（压制）茶也可搭配茶艺表演，用哪家哪派的茶艺表演都好。我只是偏爱武夷山茶艺。经考证，武夷山茶艺表演称得上中国大陆最早恢复的茶艺。1990年，市里准备举办"首届武夷岩茶节"，由时任市委领导的吴邦才先生创意指导下，黄贤庚和姚月明等人合作编撰了一套《武夷茶艺》，开始编了27道茶艺，实际表演采用18道"武夷茶艺"，现录武夷茶艺程序如下：

①焚香静气：焚点香品，营造氛围。

②叶嘉酬宾：出示茶品（叶嘉是苏东坡对茶的爱称），供来宾观赏。

③活煮山泉：倒入山泉活水，烧至沸腾；

④孟臣沐霖：烫洗茶壶（孟臣是紫砂壶的代名词）。

⑤乌龙入宫：把茶叶放入茶（碗）壶内。

⑥悬壶高冲：把水壶高提将水缓缓冲入茶壶。

⑦春风拂面：用壶盖轻轻刮去表面浮沫。

⑧重洗仙颜：用开水冲淋茶壶表面。

⑨若琛出浴：烫洗茶杯（若琛是茶杯的别名，"琛"应为"深"，考古发现当年青瓷茶杯落款为"若深"。琛字大概是出版物校错）。

⑩游山玩水：将茶壶提起，沿茶盘旋转一圈，以除去壶底余水。

⑪关公巡城：依次往各个茶杯斟茶水。

⑫韩信点兵：待茶壶内茶水剩下少许，再向各茶杯点斟茶水。

⑬三龙护鼎：用拇指、食指扶杯，中指托杯底，此法稳重大方。

⑭鉴赏三色：认真观看茶杯内茶水三段色彩。

⑮喜闻幽香：闻茶香。

⑯初品奇茗：开始品茶。

⑰游龙戏水：选一条索紧结的干茶，放入杯中，斟满茶水，仿若游龙在戏水。

⑱尽杯谢茶：起身，喝尽杯中茶，以谢山人栽制佳茗的恩典。

武夷山茶艺表演艺术团从1990年至年今一直坚持创新，还创作了《武夷山禅茶茶艺》《仿宋龙凤团茶茶艺》《武夷茶颂》《南词说唱》等，他们曾多次代表武夷山到台湾、港澳、东南亚等地演出武夷茶艺，所到之处，深受赞誉。笔者在武夷山曾数次与艺术团林峰、李立春女士一道品茗，虽不是正式表演，但你能从主泡者的一举一动中深受感染，使茶席平添几分雅兴。

（3）悟道泡。"茶禅一味"，"茶道同味"，饮茶能悟道，已是茶文化界的共识。但如何借茶入道，却是仁者见仁，智者见智。有的借茶练气修禅，创造一种氛围，带你入境；有泡茶过程中，经过一招一式，体会入道；也有供上绝品好茶，以神奇的茶汤茶色，助你打通奇经八脉，直接悟道。更多的是，找一处好环境，几个同道好友，几泡好茶，山南海北，品茶论道。

我曾多次与佛道人士一块品茶。经常几巡茶后，我会拿出珍藏的2006年大红袍茶砖让诸位仙家鉴赏品味。每次都能引起大家侧目，提的问题也很近似："这是哪一年的茶，2006年的……不像……为何茶汤比一般岩茶来得细腻呢……"最后的结果，总是把本人带来的茶砖一扫而光。

武夷岩茶饼（压制）茶为什么能有不俗的表现。我曾就此话题，专程到云南请教普洱茶专家。他们有不同的表述，共同的就是砖茶的工艺重新改变了茶叶内含物，加速了茶质量转化。后来我再读吴觉农先生编的《茶经述评》，其中读到"压制茶类经过压缩后，既比较紧密结实，又增加了防湿性能，这样，就相对地便于运输和贮藏。同时，压制茶在成型干燥以后，在一定的环境中，由于水分和温度的作用，能增进茶叶醇厚。"这可能就是饼茶长盛不衰的原因吧。

说到此，大家会说，你别卖关子，究竟如何悟道？说真的，我也不知道。每个人都可以有不同的经验和体会，你如有兴趣，不妨拿几片大红袍茶砖，与诸好友在一定的氛围内，静静地享用，静静地体悟，说不定到时你就有了感受。

中国有句老话"师傅领进门，修行靠个人。"儒道释都教人悟道，却没办法让人人必得道。禅宗⑥教法第一条，就是"不说破"。实际上，道就在日常生活中。

注：① 干仓、湿仓：指干仓普洱茶和湿仓普洱茶。干仓普洱茶，是指存放于干燥、通风、湿度小的仓库环境里的普洱茶。一般干仓茶叶在温度、湿度适中，通风透气，清爽无杂味的环境下发酵陈放，属于自然的陈化过程，保存了普洱茶的本质真性，也增加了品茗的价值。湿仓普洱茶通常放置于较湿气之地方，如地下室地窖，加快其发酵速度。较有陈泥或霉味，陈化速度较干仓普洱快。放5—10年佳。但是经常把普洱生茶存放在通风不畅、湿度较高的地窖、防空洞、土房等环境，由于空气中相对湿度的提高，容易造成茶叶曲菌的滋生，加速陈化，这种曲菌氧化称为湿仓后发酵。自然湿仓普洱茶就会完全破坏了茶叶纤维，改变了茶叶原有的本质，违反茶叶内质自然氧化发酵的规律。

② 香港茶艺乐园：由香港茶人陈国义先生创办，以教授中国茶文化为宗旨，精于选茶。在香港开创了普洱茶纯干仓储存，上世纪90年代初收购云南勐海茶厂7542普洱茶，经陈先生保管得法，成为茶业新秀"八八青饼"。

③ 袁枚：（1716—1797）清代诗人、散文家。字子才，号简斋，晚年自号仓山居士、随园主人、随园老人。汉族，钱塘（今浙江杭州）人。乾隆四年进士，历任溧水、江宁等县知县，有政绩，四十岁即告归。在江宁小仓山下筑筑随园，吟咏其中。广收诗弟子，其中女弟子尤众。袁枚是乾嘉时期代表诗人之一，与赵翼、蒋士铨合称为"乾隆三大家"。

④ 阳羡：指宜兴出产的茶。宜兴秦汉时称阳羡，故名。现在宜兴产绿茶也叫阳羡雪芽，阳羡雪芽采摘细嫩，制作精细，外形纤细挺秀，色绿润，银毫显露，香气清鲜幽雅，滋味浓厚清鲜，汤色清澈明亮，叶底幼嫩，色绿黄亮。

⑤ 梁章钜：（1775—1849），字茝中、闳林，号邻，晚年自号退庵，祖籍福建长乐，清初迁居福州，自称福州人。梁章钜是一位政绩突出、深受百姓拥戴的官员。他是林则徐的好友、坚定的抗英禁烟派人物。晚年因病辞官居福州黄巷黄楼，他以文化的诗情画意修葺黄楼，在花厅里增添了亭台楼榭假山鱼池。至今保留在假山上的半边亭，其造型之奇妙、构件之精美，依然为古建筑行家们所称道。在黄楼，梁章钜与福州文人的诗会唱和曾辑成册。他一生共著诗文近70种。

⑥ 禅宗：汉传佛教宗派之一，始于菩提达摩，盛于六祖惠能，中晚唐之后成为汉传佛教的主流，也是汉传佛教最主要的象征之一。汉传佛教宗派多来自于印度，但唯独天台宗、华严宗与禅宗，是由中国独立发展出的三个本土佛教宗派。其中又以禅宗最具独特的性格。其核心思想为："不立文字，教外别传；直指人心，见性成佛"。

## 第三部分

# 武夷岩茶饼（压制）茶
### 主要厂商产品简介

　　武夷山市压制武夷岩茶的厂商目前还不多，上规模的更少。各家选用的原料和加工工艺不同，因此成品茶质量有较大区别，风格各异。还有一些小茶商土法上马压制劣质茶（茶末茶片或外山茶），可外面都写着"大红袍"。有些消费者以为买到好茶，冲泡品尝后，大失所望，有人甚至怪罪武夷岩茶饼。为方便消费者，现对武夷岩茶饼（压制）茶主要厂商及其产品做一下简介：

## 武夷山市北斗茶叶研究所
## 武夷山市爱德华实验茶场

这两家公司均为陈德华先生创办，陈德华先生曾任武夷山茶科所所长，任内的最主要贡献，一是肉桂名丛的无性繁殖及大规模推广，二是大红袍无性繁殖及推广，三是武夷山乌龙茶名丛科技园的建设，四是研发生产武夷岩茶饼（压制）茶。武夷山市爱德华实验茶场研制并生产出第一块武夷岩茶砖，最早生产武夷岩茶水仙茶砖。武夷山市爱德华实验茶场以生产茶砖为主，武夷山市北斗茶叶研究所以生产茶饼为主，生产销售武夷岩茶饼（压制）茶每年呈递增趋势。北斗茶研所总经理为陈拯，注册商标"金宗北斗""魁星"；爱德华实验茶场总经理为陈起，注册商标"竹缘堂""风荷举""岩茶韵"。

## 星愿（中国）茶业有限公司

星愿（中国）茶业有限公司原为武夷山市茶业总公司，本世纪初由港资收购并改名，现为武夷山市茶产业龙头企业。公司董事长为何一心。该公司2005年建成一条武夷岩茶饼（压制）茶生产线，每年都有武夷岩茶饼（压制）茶产品推向市场。注册商标"武夷星"。

## 武夷山市岩茶厂
## 武夷山市香江茶业有限公司

　　武夷山市岩茶厂原名武夷山市综合农场茶厂，原来负责管理九龙窠大红袍母树。武夷山市香江茶业有限公司为武夷山市岩茶厂与香港香江集团合资企业，公司负责人为陈荣茂。注册商标"曦瓜""大王峰"。该厂每年为福建省政协供应大红袍龙凤茶饼。

## 武夷山市永生岩茶厂

　　武夷山市永生岩茶厂位于武夷山市茶叶古镇——星村，创办人为游永生，现在负责人为游玉琼。该厂为星村镇最大茶企业，生产武夷岩茶饼（压制）茶有近十年历史，制作工艺借用云南普洱茶工艺。早期生产武夷茶生沱茶生饼茶和熟沱茶熟饼茶，现在仅生产饼茶。

## 武夷山市
## 九龙袍茶业有限公司

　　武夷山市九龙袍茶业有限公司是武夷岩茶厂商的后起之秀，董事长俞代华。该厂2006年投产后，一直出产武夷岩茶饼（压制）茶，注册商标"九龙袍"。

附录一：

# 宋 茶 名 录

| 茶品 | 产　地 | 茶　类 | 茶品 | 产　地 | 茶　类 |
|---|---|---|---|---|---|
| 魏岭茶 | 今浙江天台 | 绿饼茶 | 黄翎毛 | 今湖南岳阳 | 绿饼茶 |
| 紫凝茶 | 今浙江天台 | 绿饼茶 | 邕湖含膏 | 今湖南岳阳 | 绿饼茶 |
| 雁荡茶（龙湫茶） | 今浙江乐清 | 绿饼茶 | 岳阳含膏 | 今湖南岳阳 | 绿饼茶 |
| 细坑茶 | 今浙江嵊州 | 绿饼茶 | 金茗 | 今湖南长沙 | 绿饼茶 |
| 焙坑茶 | 今浙江嵊州 | 绿饼茶 | 片金 | 今湖南长沙 | 绿饼茶 |
| 小昆茶 | 今浙江嵊州 | 绿饼茶 | 岳麓茶 | 今湖南长沙 | 绿散茶 |
| 大昆茶 | 今浙江嵊州 | 绿饼茶 | 潭州茶末 | 今湖南长沙 | 绿末茶 |
| 嵊县鹿苑茶 | 今浙江嵊州 | 绿饼茶 | 独行 | 今湖南长沙 | 绿饼茶 |
| 紫岩茶 | 今浙江嵊州 | 绿饼茶 | 灵草 | 今湖南长沙 | 绿饼茶 |
| 胡山茶 | 今浙江嵊州 | 绿饼茶 | 长沙石楠 | 今湖南长沙 | 绿饼茶 |
| 瀑布岭茶 | 今浙江嵊州 | 绿饼茶 |  |  | 散茶 |
| 真如茶 | 今浙江嵊州 | 绿饼茶 | 月团 | 今湖南衡阳、陕西洋州 | 绿饼茶 |
| 五龙茶 | 今浙江嵊州 | 绿饼茶 | 白鹤茶 | 今湖南岳阳 | 绿饼茶、散茶 |
| 丁坑茶 | 今浙江绍兴 | 绿饼茶 |  |  |  |
| 茗山茶 | 今浙江萧山 | 绿饼茶 | 草子 | 今湖南、湖北、广西 | 绿散茶 |
| 瑞龙茶 | 今浙江绍兴 | 绿饼茶 | 杨树 | 今湖南长沙 | 绿散茶 |
| 卧龙茶 | 今浙江绍兴 | 绿饼茶 | 雨前 | 今湖南长沙 | 绿散茶 |
| 花坞茶 | 今浙江绍兴 | 绿饼茶 | 雨后 | 今湖南长沙 | 绿散茶 |

| 茶 品 | 产 地 | 茶 类 | 茶 品 | 产 地 | 茶 类 |
|---|---|---|---|---|---|
| 日铸雪芽 | 今浙江绍兴 | 绿饼茶、散茶 | 焦溪茶（窝坑茶） | 今江西南康 | 绿散茶 |
| 瀑布仙茗 | 今浙江余姚 | 绿饼茶 | 云居茶 | 今江西南康 | 绿散茶 |
| 天尊岩茶 | 今浙江桐庐 | 绿饼茶 | 泥片 | 今江西赣州 | 绿散茶 |
| 建德乌龙茶 | 今浙江建德 | 绿饼茶、散茶 | 虔州芥茶 | 今江西宁都 | 绿散茶 |
| 鸠坑茶 | 今浙江淳安 | 绿饼茶 | 双港茶 | 今江西铅山 | 绿饼茶 |
| 西庵茶 | 今浙江富阳 | 绿饼茶 | 庆合 | 今江西上饶、安徽贵池等地 | 绿饼茶 |
| 龙坡山子茶 | 今浙江湖州 | 绿饼茶 | 运合 | 今江西上饶、安徽贵池等地 | 绿饼茶 |
| 草茶 | 今江西、江苏 | 绿饼茶、散茶 | 禄合 | 今江西上饶、安徽贵池等地 | 绿饼茶 |
| 云山茶 | 今湖南武冈 | 绿饼茶 | 福合 | 今江西上饶、安徽贵池等地 | 绿饼茶 |
| 衡山茶 | 今湖南衡山 | 绿饼茶 | 嫩蕊 | 今江西上饶、安徽贵池等地 | 绿饼茶 |
| 鼎州芽茶 | 今湖南常德 | 绿饼茶 | 仙芝 | 今江西上饶、安徽贵池等地 | 绿饼茶 |
| 小方茶 | 今湖南 | 绿饼茶 | 金片 | 今江西宜春 | 绿饼茶 |
| 大方茶 | 今湖南 | 绿饼茶 | 绿英 | 今江西宜春 | 绿饼茶 |
| 绿芽茶 | 今湖南 | 绿饼茶、散茶 | 临江玉津茶 | 今江西樟树 | 绿饼茶 |
| 双上茶 | 今湖南 | 绿饼茶 | 黄檗茶 | 今江西宜丰 | 绿散茶 |
| 小卷生 | 今湖南岳阳 | 绿饼茶 | 紫源茶 | 今江西高安 | 绿散茶 |
| 开卷 | 今湖南岳阳 | 绿饼茶 | 庐山云雾 | 今江西九江庐山 | 绿散茶 |
| 开胜 | 今湖南岳阳 | 绿饼茶 | 双井白芽 | 今江西修水 | 绿散茶 |
| 小巴陵 | 今湖南岳阳 | 绿饼茶 | | | |
| 大巴陵 | 今湖南岳阳 | 绿饼茶 | | | |
| 黄翎毛（岳州） | 今湖南岳阳 | 绿饼茶 | | | |
| （双井鹰爪） | | | 舒州开火茶 | 今安徽太湖 | 绿饼茶 |
| 黄龙茶 | 今江西南昌 | 绿饼茶 | 天柱茶 | 今安徽岳西 | 绿饼茶 |
| 筠州紫源茶 | 今江西高安、宜丰 | 绿饼茶、散茶 | 霍山黄芽 | 今安徽霍山 | 绿饼茶、散茶 |

| 茶 品 | 产 地 | 茶 类 | 茶 品 | 产 地 | 茶 类 |
|---|---|---|---|---|---|
| 周山茶 | 今江西铅山 | 绿饼茶 | 虎丘茶 | 今江苏苏州 | 绿饼茶 |
| 白水团茶 | 今江西铅山 | 绿饼茶 | 洞庭山茶 | 今江苏苏州 | 绿饼茶 |
| 小龙凤团茶 | 今江西铅山 | 绿饼茶 | 水月茶 | 今江苏苏州 | 绿饼茶 |
| 九龙凤团茶（龙团、九龙茶） | 今江西安远 | 绿饼茶 | 蜀冈茶（禅智寺茶） | 今江苏扬州 | 绿饼茶 |
| 仙人掌茶 | 今湖北当阳 | 绿饼茶 | 阳羡紫笋（常州紫笋、义兴紫笋） | 今江苏宜兴 | 绿饼茶 |
| 巴东真香 | 今湖北巴东、重庆奉节 | 绿饼茶 | | | |
| 蕲水团黄 | 今湖北蕲春 | 绿饼茶 | 都茗茶 | 今广西上林 | 绿饼茶.散茶 |
| 蕲州团黄 | 今湖北蕲春等县 | 绿饼茶 | 容州竹茶 | 今广西北流 | 绿饼茶 |
| 两府茶 | 今湖北蕲春等县 | 绿饼茶 | 古县茶 | 今广西桂林 | 绿饼茶 |
| 宝山茶 | 今湖北蕲春等县 | 绿饼茶 | 修仁茶 | 今广西鹿寨、荔浦 | 绿饼茶 |
| 双胜茶 | 今湖北蕲春等县 | 绿饼茶 | 吕仙茶（吕岩茶） | 今广西灵川 | 绿饼茶 |
| 进宝茶 | 今湖北蕲春等县 | 绿饼茶 | 灵川玉津 | 今广西灵川 | 绿饼茶 |
| 鄂州团黄 | 今湖北赤壁.崇阳 | 绿饼茶 | 西乡团茶. | 今陕西西乡 | 绿饼茶 |
| 大拓枕茶 | 今湖北江陵 | 绿饼茶 | 城固团茶 | 今陕西城固 | 绿饼茶 |
| 荆州团黄 | 今湖北江陵 | 绿散茶 | 西县茶 | 今陕西南郑 | 绿饼茶 |
| 茱萸 | 今湖北宜昌一带 | 绿饼茶 | 浅山薄侧茶 | 今河南光山 | 绿饼茶 |
| 明月 | 今湖北宜昌一带 | 绿饼茶 | 东首茶 | 今河南光山 | 绿饼茶 |
| 碧涧 | 今湖北宜昌一带 | 绿饼茶 | 高树茶 | 今贵州务川 | 绿饼茶 |
| 紫花芽茶 | 今湖北宜昌一带 | 绿饼茶 | 鹦鹉茶 | 今贵州思南 | 绿饼茶 |
| 清口茶（归州白茶） | 今湖北秭归 | 绿饼茶 | 生黄茶 | 今贵州遵义 | 绿饼茶 |
| 龙芽 | 今安徽六安 | 绿饼茶 | 信阳茶 | 今河南信阳 | 绿饼茶 |
| 广德芽茶 | 今安徽广德 | 绿散茶 | 普洱茶（普茶） | 今云南思茅、西双版纳 | 绿饼茶 |
| 谢源茶 | 今江西婺源 | 绿饼茶 | 五果茶 | 今云南昆明 | 绿饼茶 |

| 茶 品 | 产 地 | 茶 类 | 茶 品 | 产 地 | 茶 类 |
|---|---|---|---|---|---|
| 胜金 | 今安徽歙县 | 绿饼茶 | 韶州生黄茶 | 今广东曲江 | 绿饼茶 |
| 嫩泉 | 今安徽歙县 | 绿饼茶 | 春紫笋茶 | 今广东封开 | 绿饼茶 |
| 华英 | 今安徽歙县 | 绿饼茶 | 夏紫笋茶 | 今广东封开 | 绿饼茶 |
| 早春 | 今安徽歙县 | 绿饼茶 | 罗浮茶 | 今广东博罗 | 绿饼茶、散茶 |
| 先春 | 今安徽歙县 | 绿饼茶 | 西樵山茶 | 今广东南海 | 绿饼茶 |
| 紫霞茶 | 今安徽歙县 | 绿饼茶 | 天子茶 | 今广东罗定 | 绿饼茶 |
| 白岳金芽 | 今安徽歙县 | 绿饼茶 | 凤山茶 | 今广东潮阳 | 绿饼茶、散茶 |
| 池源茶 | 今安徽贵池 | 绿饼茶 | | | |
| 闵坑茶 | 今安徽青阳 | 绿饼茶 | | | |
| 鸦山茶 | 今安徽宣城 | 绿饼茶 | | | |
| 龙溪茶 | 今安徽舒城 | 绿散茶 | | | |
| 庐州开火新茶 | 今安徽舒城 | 绿饼茶 | | | |
| 太湖茶 | 今安徽太湖 | 绿散茶 | | | |
| 建茶 | 今福建建瓯 | 绿饼茶 | 玉清庆云 | 今福建建瓯 | 绿饼茶 |
| 北苑茶(北苑贡茶) | 今福建建瓯东 | 绿饼茶 | 无疆寿龙 | 今福建建瓯 | 绿饼茶 |
| 壑源茶 | 今福建建瓯 | 绿饼茶 | 兴国岩铐 | 今福建建瓯 | 绿饼茶 |
| 曾坑茶 | 今福建建瓯 | 绿饼茶 | 香口焙铐 | 今福建建瓯 | 绿饼茶 |
| 佛岭茶 | 今福建建瓯 | 绿饼茶 | 南山应瑞 | 今福建建瓯 | 绿饼茶 |
| 沙溪茶 | 今福建建瓯 | 绿饼茶 | 京铤 | 今福建建瓯 | 绿饼茶 |
| 洪井茶 | 今福建建瓯 | 绿饼茶 | 白茶 | 今福建建瓯 | 绿饼茶 |
| 龙凤茶(龙团凤饼) | 今福建建瓯 | 绿饼茶 | 云叶 | 今福建建瓯 | 绿饼茶 |
| 大团(团茶) | 今福建建瓯 | 绿饼茶 | 万春银叶 | 今福建建瓯 | 绿饼茶 |
| 大龙 | 今福建建瓯 | 绿饼茶 | 金钱 | 今福建建瓯 | 绿饼茶 |
| 大凤 | 今福建建瓯 | 绿饼茶 | 宜年宝玉 | 今福建建瓯 | 绿饼茶 |

| 茶 品 | 产 地 | 茶 类 | 茶 品 | 产 地 | 茶 类 |
|---|---|---|---|---|---|
| 小龙(小龙团) | 今福建建瓯 | 绿饼茶 | 长寿玉圭 | 今福建建瓯 | 绿饼茶 |
| 小凤(小凤团) | 今福建建瓯 | 绿饼茶 | 蜀葵 | 今福建建瓯 | 绿饼茶 |
| 石乳 | 今福建建瓯 | 绿饼茶 | 太平嘉瑞 | 今福建建瓯 | 绿饼茶 |
| 白乳 | 今福建建瓯 | 绿饼茶 | 琼每毓粹 | 今福建建瓯 | 绿饼茶 |
| 密云龙 | 今福建建瓯 | 绿饼茶 | 浴雪呈祥 | 今福建建瓯 | 绿饼茶 |
| 瑞云翔龙 | 今福建建瓯 | 绿饼茶 | 壑源佳品 | 今福建建瓯 | 绿饼茶 |
| 御苑玉芽 | 今福建建瓯 | 绿饼茶 | 旸谷先春 | 今福建建瓯 | 绿饼茶 |
| 万寿龙芽 | 今福建建瓯 | 绿饼茶 | 寿岩却胜 | 今福建建瓯 | 绿饼茶 |
| 上品拣芽 | 今福建建瓯 | 绿饼茶 | 青凤髓 | 今福建建瓯 | 绿饼茶 |
| 新收拣芽 | 今福建建瓯 | 绿饼茶 | 叶家白 | 今福建建瓯 | 绿饼茶 |
| 玉华 | 今福建建瓯 | 绿饼茶 | 王家白 | 今福建建瓯 | 绿饼茶 |
| 龙苑报春 | 今福建建瓯 | 绿饼茶 | 武夷茶 | 今福建建瓯 | 绿饼茶 |
| 兴国岩拣芽 | 今福建建瓯 | 绿饼茶 | 火前（明前） | 今福建武夷山 | 绿饼茶、散茶 |
| 兴国岩小龙 | 今福建建瓯 | 绿饼茶 | | | |
| 兴国岩小凤 | 今福建建瓯 | 绿饼茶 | 社前 | 今福建建瓯东 | 绿饼茶 |
| 拣芽 | 今福建建瓯 | 绿饼茶 | | | |
| 无比寿芽 | 今福建建瓯 | 绿饼茶 | 龙茶（龙团） | 今福建建瓯 | 绿饼茶 |
| 龙园胜雪 | 今福建建瓯 | 绿饼茶 | 玉蝉膏 | 今福建建瓯 | 绿饼茶 |
| 试新銙 | 今福建建瓯 | 绿饼茶 | 小团 | 今福建建瓯 | 绿饼茶 |
| 贡新銙 | 今福建建瓯 | 绿饼茶 | 先春 | 今福建建瓯 | 绿饼茶 |
| 上林第一 | 今福建建瓯 | 绿饼茶 | 龙苑报春 | 今福建建瓯 | 绿饼茶 |
| 乙夜清供 | 今福建建瓯 | 绿饼茶 | 雨前 | 今福建建瓯东 | 绿饼茶、散茶 |
| 承平雅玩 | 今福建建瓯 | 绿饼茶 | 上品龙茶 | 今福建建瓯 | 绿饼茶 |
| 龙凤英华 | 今福建建瓯 | 绿饼茶 | 细色茶 | 今福建建瓯 | 绿饼茶、散茶 |

| 茶 品 | 产 地 | 茶 类 | 茶 品 | 产 地 | 茶 类 |
|---|---|---|---|---|---|
| 玉除清赏 | 今福建建瓯 | 绿饼茶 | 建安石崖白 | 今福建建瓯 | 绿饼茶 |
| 启沃承恩 | 今福建建瓯 | 绿饼茶 | 清风使 | 今福建建瓯 | 绿饼茶 |
| 玉叶长春 | 今福建建瓯 | 绿饼茶 | 银线水芽 | 今福建建瓯 | 绿饼茶、散茶 |
| 雪英 | 今福建建瓯 | 绿饼茶 | 耐重儿 | 今福建建瓯 | 茶膏团 |
| 千金 | 今福建建瓯 | 绿饼茶 | 生拣芽 | 今福建建瓯 | 绿饼茶 |
| 茶品 | 产地 | 茶类 | 茶品 | 产地 | 茶类 |
| 水拣芽 | 今福建建瓯 | 绿饼茶 | 蒙顶鹰嘴芽（白茶） | 今四川雅安 | 绿散茶 |
| 福州蜡面茶 | 今福建建州 | 绿饼茶 | 蒙顶石花 | 今四川雅安 | 绿散茶 |
| 福州玉津 | 今福建建州 | 绿饼茶 | 蒙顶井冬芽 | 今四川雅安 | 绿散茶 |
| 方山茶（方山露芽） | 今福建建州 | 绿饼茶 | 蒙顶压膏谷芽 | 今四川雅安 | 绿饼茶 |
| 漳州蜡茶 | 今福建建州 | 绿饼茶 | 蒙顶压膏露芽 | 今四川雅安 | 绿饼茶 |
| 古雷茶 | 今福建漳浦 | 绿饼茶 | 蒙顶紫笋 | 今四川雅安 | 绿饼茶 |
| 峡山茶 | 今福建建宁 | 绿饼茶 | 蒙顶研膏茶 | 今四川雅安 | 绿饼茶 |
| 骨子 | 今福建南平 | 绿饼茶 | 蒙顶茶（蒙山茶） | 今四川雅安 | 绿饼茶 |
| 玉泉茶 | 今福建长汀 | 绿散茶 | 合州水南 | 今重庆合川 | 绿饼茶、散茶 |
| 延平半岩茶 | 今福建武夷山 | 绿饼茶、散茶 | 涪州三般茶 | 今重庆涪陵 | 绿饼茶 |
| 麦颗（谷粒） | 今福建建瓯、四川都江堰市 | 绿散茶 | 火番茶 | 今四川邛崃 | 绿饼茶 |
| 邛州茶 | 今四川邛崃 | 绿饼茶 | 圣杨花 | 今四川雅安 | 绿饼茶、散茶 |
| 沙坪茶 | 今四川都江堰市 | 绿饼茶 | 泸州茶 | 今四川泸州 | 绿饼茶、散茶 |
| 月兔茶 | 今重庆彭水、黔江 | 绿饼茶 | 径山茶 | 今杭州余杭 | 绿饼茶、散茶 |
| 都濡高株 | 今重庆彭水、黔江 | 绿饼茶 | 径山雨前茶 | 今杭州余杭 | 绿散茶 |
| 宾化茶 | 今重庆南川 | 绿饼茶 | 白云茶 | 今浙江杭州 | 绿散茶 |
| 夔州真香茶 | 今重庆巫溪 | 绿饼茶 | 香林茶 | 今浙江杭州 | 绿散茶 |
| 多波茶 | 今重庆石柱 | 绿饼茶 | 宝云茶 | 今浙江杭州 | 绿散茶 |

| 茶 品 | 产 地 | 茶 类 | 茶 品 | 产 地 | 茶 类 |
|---|---|---|---|---|---|
| 多陵茶 | 今重庆石柱 | 绿饼茶 | 垂云茶 | 今浙江杭州 | 绿散茶 |
| 白马茶 | 今重庆武隆 | 绿饼茶 | 顾渚紫笋（湖州紫笋、吴兴紫笋） | 今浙江湖州 | 绿饼茶 |
| 狼猱山茶 | 今重庆 | 绿饼茶 | 龙井茶 | 今浙江杭州 | 绿饼茶.散茶 |
| 水南茶 | 今重庆合川 | 绿饼茶 | 黄岭山茶 | 今浙江临安 | 绿饼茶 |
| 罗村茶 | 今四川广元 | 绿饼茶 | 石笕岭茶 | 今浙江诸暨 | 绿饼茶 |
| 兽目茶 | 今四川江油 | 绿饼茶 | 天台茶 | 今浙江天台 | 绿饼茶 |
| 赵坡茶 | 今四川广汉 | 绿饼茶 | 天台云雾 | 今浙江天台 | 绿饼茶.散茶 |
| 杨村茶 | 今四川什邡 | 绿饼茶 | 宁海茶 | 今浙江宁海 | 绿饼茶 |
| 石花茶 | 今四川彭县 | 绿饼茶 | 举岩 | 今浙江金华 | 绿饼茶 |
| 仙岩茶 | 今四川彭县 | 绿饼茶 | 婺州方茶 | 今浙江金华 | 绿饼茶 |
| 堋口茶 | 今四川彭县 | 绿饼茶 | 紫高山茶 | 今浙江黄岩 | 绿饼茶 |
| 蝉翼 | 今四川温江、都江堰一带 | 绿散茶 | 白马山茶 | 今浙江仙居 | 绿饼茶 |
| 片甲 | 今四川温江.都江堰一带 | 绿散茶 | 廷峰茶 | 今浙江临海 | 绿饼茶 |
| 雅山茶 | 今四川温江、都江堰一带 | 绿散茶 | 小溪茶 | 今浙江天台 | 绿饼茶 |
| 鸟嘴 | 今四川温江、都江堰一带 | 绿散茶 | | | |
| 雀舌 | 今四川温江、都江堰一带 | 绿散茶 | | | |
| 味江茶 | 今四川都江堰一带 | 绿饼茶 | | | |
| 纳溪梅岭茶 | 今四川兴文 | 绿散茶 | | | |
| 峨眉白芽（峨眉雪芽） | 今四川峨眉山 | 绿散茶 | | | |
| 火井茶 | 今四川邛崃 | 绿饼茶 | | | |
| 蒙顶簸芽 | 今四川雅安 | 绿散茶 | | | |
| 蒙顶露鎹芽 | 今四川雅安 | 绿散茶 | | | |

## 附录二：武夷岩茶名丛花名

林馥泉先生1943年调研武夷山慧苑茶厂，记录武夷岩茶名丛茶树花名280个：

铁罗汉、素心兰、醉西施、白月桂、正太仑、水葫芦、夜来香、金狮子、红月桂、瓜子红、醉贵妃、赛文旦、正悉尼、巡山猴、绿蒂梅、正碧梅、过山龙、醉海棠、醉毛猴、金丁香、仙人掌、桃红梅、正碧桃、瓜子金、吕洞宾、白悉尼、并蒂兰、正芍药、正瑞香、绿芙蓉、白杜鹃、付独占、碧桃仁、正玉兰、白射香、白吊兰、绿莺歌、金观音、正蔷薇、月月桂、红孩儿、白奇兰、粉红梅、金柳条、绿牡丹、正黄龙、绿独占、罗汉松、白瑞香、正肉桂、石乳香、正毛猴、正珊瑚、水金钱、莲子心、苦瓜、石中玉、不知春、万年红、正木瓜、万年青、石观音、水金龟、正梅占、四方竹、满树香、奇兰香、虎耳草、一枝香、龙须草、金钱草、观音竹、月上香、八步香、四季香、英雄草、千里香、满山香、灵芝草、叶下红、满地红、满红红、太阳菊、渊明菊、精神草、日日红、半畔药、老来红、状元红、沉香草、东璃菊、凤尾草、蟹爪菊、水沙莲、午时莲、佛手莲、千层莲、八角莲、瓶中梅、岭上梅、出墙梅、庆阳兰、莺爪兰、石吊兰、四季兰、金蝴蝶、金玉蟾、金石斛、金英子、金不换、玉狮子、麒、麟、玉莲环、红梅裳、红鸡冠、红绣球、鸡爪黄、玉孩儿、绿芙蓉、大桂林、水中蒲、绿菖蒲、水中仙、老君眉、老来娇、老翁须、点点金、向日葵、剪春罗、剪秋罗、国公鞭、蟾宫桂、孔雀尾、万年松、关公眉、马尾素、七宝塔、珍珠球、叶下青、人参果、石莲子、吊金龟、双凤冠、威灵仙、过江龙、佛手柑、双如意、提金钗、小玉桂、一枝香、一叶金、翠花娇、蓝田玉、洛阳锦、节节青、王母桃、花藻石、紫金冠、石钟乳、隐士笔、同心结、竹叶青、洞宾剑、天明冬、不老丹、马蹄金、五经魁、芭蕉绿、西园柳、虞美人、夹竹桃、香茗涩、天南星、小桃仁、云南碧、絮柳条、梧桐子、宋玉树、步步娇、笑牡丹、莲花笺、夜明珠、绣花针、观音掌、紫金绽、名橄榄、紫木笔、迎春柳、野蔷薇、山上臻、醉和合、还魂草、胭脂米、醉小仙、白苍兰、白豆蔻、十八草、墨斗笔、白杜鹃、白玉梅、金紫燕、赛花齿、赛羚羊、

图片来源：《武夷茶叶之生产制造及运销》1943年第四章·岩茶之栽培，林馥泉

范增平，1979年从林馥泉先生习茶

赛珠琪、赛玉枕、赛络阳、出林素、玉如意、玉美人、正水枝、正玉盏、正斑竹、正玛瑙、正参须、正荔枝、正松罗、正白毫、正紫锦、正长春、正束香、正琉璃、坠柳条、正浮萍、正银光、正唐树、正荆棘、正罗衣、正棋楠、红豆蔻、玉兔耳、岩中兰、七宝丹、五彩冠、白玉霜、向东葵、海龙角、倒叶柳、蕃芙蓉、初伏兰、向天梅、玉堂春、虎爪红、月月红、正青苔、正白果、正凤尾、正萱草、正桑草、正竹兰、正玉菊、大夫板、万年木、君子竹、紫荆树、千年矮、九品莲、金锁匙、水杨梅、水底月、月中仙、四季竹、忘忧草、正唐梅、玉女掌。

## 附录三：《武夷岩茶紧压型新产品研制开发技术总结》
詹梓金　陈德华　陈起

武夷岩茶紧压型新产品的研发是根据闽北茶业发展史、岩茶自身的特有性质和市场发展需要而产生的。回顾福建饼形或块状茶的生产史，可追溯到宋代的建安（今建瓯市），当时所产的北苑茶印成"龙团凤饼"为朝廷的主要贡品。其工艺大都沿袭唐朝蜡面茶，茶叶蒸熟后捣成末，拍成形。到宋代就用范本印制并雕刻龙凤等动物纹饰制成

"龙团凤饼"茶。当时的龙凤茶,有"名冠天下,金可有茶不可得"之誉,十分名贵超凡,它们均属绿茶类。这是我省饼茶的鼻祖。但这种工艺至今犹存的仅龙岩市的漳平"水仙茶饼",它专用乌龙茶优良品种"福建水仙",按闽南乌龙茶工艺制成,香高味醇质量优异,不仅有一定的国内外市场,且富有地方特色,很受消费者欢迎,但数量有限。

我国从明代开始,把团茶改制成散茶,或称块状茶改制成条形茶。进入清代,各类茶已发展齐全,分为红、绿、青、黄、白、黑六大类。其中黑茶类中有生产紧压型"扁形茶"、"砖茶"等,以粗老茶叶为原料晒干后渥堆发酵,再经蒸软装模用机械压制而成,此茶便于贮存和运输,专供边疆牧民饮用。其中还有一种茶叶原料有部分较嫩的、混合制作的紧压茶,即普洱茶。

一、主要研究内容和结果

(1) 紧压岩茶新产品的研发思路与试制

启示:1994年笔者到昆明参加中国茶叶学会年会期间,到该市茶叶市场参观时发现,多家商店的货架上展示着五花八门的紧压茶,有大宗的普洱茶,有红茶,有绿茶,也有花茶,唯独没有乌龙茶!当时还从市场上买一点茉莉沱茶带回来,经冲泡,花香浓郁质量保留得很好,从中得到启发,回来后,脑子里一直涌动着打算行动起来开展试制以武夷岩茶为代表的乌龙茶紧压型产品的计划,以填补市场上没有紧压乌龙茶的空白,并认为我们的大红袍也可以压制成饼茶。但根据武夷山的产茶背景,研发岩茶紧压型新产品至少有两个依据是符合实际的。一是岩茶初制过程不像闽南乌龙茶,有经过包揉造型工序,所以它的茶叶条索显得疏松呈直条状,体积膨松占位。如果把它制成紧压型饼茶或砖茶只有在不影响质量的前提下,对方便贮运是有意义的。二是历史上有不少名家对武夷岩茶贮存后的质量显著优于新茶的论述:清代名人周亮工在他的《闽茶曲》中就论述到武夷岩茶"雨前虽好但嫌新,火气难除莫近唇。存得深红三倍价,家家卖弄来年陈"。古籍名著中也常见到对武夷岩茶有"性和不寒,久存不坏。香久益清,味久益醇"的经典评价。以上这两点就是我们对开发武夷岩茶紧压型产品的主要依据。

试制:有了依据后行动就有信心,1995年开始通过师长及朋友的关系先后多次到湘、滇等省有关生产企业参观学习,由于各生产单位都有企业自己的保护规定,登门求

明代·仇英《写经换茶图卷》 美国克利夫兰美术馆藏

教的路是曲折的,最后昆明的一家茶厂接受了我们代制试品的委托。经审评,寄回的紧压型小沱茶与原料茶的质量几乎无差异。接下来我们提出希望购买他们的机器一台,结果没有得到满足。后来找武夷山市农械厂设计,于1997年完成样机的设计并投入试产。当时试产的产品是砖茶,每块100克。此年正值香港回归,也是牛年。为着纪念,在茶饼表面印上'金牛'图案。第一批产品1吨多,当年就投放广东市场,随后部分进入香港市场试销,均得到认可。

认同:当年将首批产品送到福州请省里专家审评鉴定,他们是茶叶泰斗张天福、省外贸茶叶公司教授级高工庄任、省茶叶学会会长林心炯、福建农业大学教授詹梓金及该校茶学专业审评学副教授郭雅玲等五位专家,经审评后形成如下一致意见:

"以武夷岩茶为原料,经过紧压工艺造型,改变散茶条茶的疏松外形,有利于包装贮运。商品保质期长,创意独特新颖,方便定量冲泡,香味醇浓,能保持武夷岩茶特有风格"。

持续:1998年后陆续试产了五六吨饼茶,但由于经营不得法曾一度中断生产。2004年帮助"武夷星茶业公司"建立一条紧压茶生产线后,产品市场形势看好。同时星村"永生茶厂"也生产出同类产品

上市。于此武夷北斗岩茶研究所决定,通过爱德华试验茶场,恢复紧压型岩茶的生产。

(2) 压力机的选择与模具定位

武夷岩茶紧压型新产品是属于传统岩茶的再加工。本研究的基本思路是移植普洱茶紧压型产品的生产原理,即把岩茶原料经蒸汽蒸软后送入模具中用机械的压力压制而成。但我们未能引进生产普洱茶的机械,而只能购买我省自制的液压机,性能亦不错。

模具的型号种类均自行设计,根据市场要求、产地的地方文化背景与消费者方便,设计相适宜的形状及重量规格并刻上品名和代表性景物、花鸟等纹饰。

(3) 紧压型岩茶的制作方法和技术路线

岩茶精茶(原料)——蒸汽加热软化——送入模具——加压定型——脱模——干燥——进仓——包装——上市场

压制机械选用我省生产的液压机,产生的最大压力达50吨,压制模块小的产品可以调低压力。各花色产品均由不同类型模具压制而成,模具的种类、规格均根据市场对产品的适销花色品种进行设计。目前研究的产品主要采用两种规格,即砖型和饼型:

砖型:12cm(长)×8cm(宽)=100克

饼形:每个300克

武夷茶饼大模具，上面放了一部手机，对比出模具之大。

岩茶砖的表面印上8条深沟便于定量取茶冲泡，每条重量为12.5克。紧压型岩茶的等级及质量的优次与选用的岩茶原料有直接关系，经久贮后仍是如此。

（4）几种不同类型紧压茶的主要制作工艺流程比较

云南普洱茶（紧压型）：

云南大叶种鲜叶——杀青（锅炒或滚筒杀青）——揉捻——干燥（日光晒干）——毛茶分级归堆——增湿渥堆——风干陈化——筛分拣剔拼配——蒸汽杀菌软化——压制定型——干燥——包装检验出厂

漳平水仙饼茶：

水仙茶品种鲜叶——按闽南乌龙茶做青工艺制法——杀青——揉捻——连梗湿坯——压制成型——烘干——包装进仓

武夷岩茶饼（或砖茶）：

武夷岩茶品种鲜叶——按岩茶（闽北乌龙）传统做青工艺制法——杀青——揉捻——烘干——拣剔归堆拼配——蒸汽软化——压制成型——干燥——包装进仓

（5）目前几种不同类型紧压茶的制作机械与产品的技术比较

云南普洱茶（紧压型），采用的动力机械为丝杆压力机，对模压达50吨以上，能把粗壮的原料压得均匀粘紧结实，不留边不掉碎。模具用钢铁铸成不同规格的圆形，根据模盖的设计可将产品压制成大小厚薄不同规格的饼型及沱型等，由于原料较粗壮其产品的表面少见印上景物或花鸟之类纹饰。普洱茶的特点是贮存得越久质量越优。

漳平水仙饼茶，采用人工压制，压力有限。因原料是用刚过揉捻工序的、连梗带叶的湿坯粘性好，较易压成形。模具多用木制也有用铁铸成的长方形框具，内腔略比火柴盒大，压制成的产品每饼干重约8～15克重为标准。对已烘干的成品用无菌无污染的纸包好后，装箱进仓。此紧压茶属清香型乌龙茶的一种品类，其特点是一批鲜叶原料在初制过程一次性制成终端产品，其间省去了拣剔筛分等工序，也没有下脚料废弃，其成品方便冲泡和贮运，但不耐贮存。

武夷岩茶饼（砖茶），选用的动力机械是油压机，模面最大压力达50吨。模具用铁铸成不同规格的圆形或方形。模底盖内刻有"武夷大红袍"，"武夷水仙"，"武夷肉桂"等茶名字样以及山水景物或花鸟之类纹饰。岩茶饼原料是用精制岩茶经蒸汽软化后压制干燥而成，因体积大大缩小而十分便于运输，更耐贮存且原有质量不减。

（二）专案创新点

《武夷岩茶紧压型产品研发》项目的主要创新点有：

(1)乌龙茶类的武夷岩茶从历史至今都保持散茶条茶形式生产，并作为商品流通。今研制开发紧压岩茶上市，过去从未有过。

(2)生产紧压岩茶的动力机械，采用我们自己设计或从本省生产的油压机，而不是从湘滇引进或向其他外省购买。

(3)作为紧压岩茶的原料，其本身就是精茶而不是半成品茶，这是与其他紧压茶（普洱茶、漳平水仙饼茶等）所不同的。它是好茶成茶的再加工，主要为成品茶更好地保存便运开辟新径，更重要的是市场有需求。

（三）有待于今后继续研究的一些技术内容

首先，作为紧压岩茶的生产原料是否也可采用像漳平水仙饼茶生产的原料一样用湿坯一试。其二，作为一个生产企业必须依靠足够技术支撑，当产品达到供过于求时，能够适当贮存。当市场求过于供时，能够加速熟化，缩短存贮时限。这些与贮存环境中的水、气、热三个条件均有关系，其中水分的因素最为重要，因此，将紧压岩茶进行干燥时，可否保留不同水分程度在贮存期间进行观察研究？其三，岩茶紧压型产品干燥后十分坚硬结实，生产较大饼茶或砖茶，如何方便消费者取用冲泡也应在今后的生产技术内容中加以考虑。

# 后　记

《方圆之韵——探秘武夷饼（压制）茶》拖拖拉拉地总算完稿了。兔年五月武夷山采茶季节，开始与德华老师和陈起讨论大纲，中间为台湾"优人神鼓"剧团在普陀山演出《观世音》剧忙了一阵，到年尾不能再拖了，才赶着写完。这是我第一次写茶书，不知如何写才能对得起读者。想来想去，还是笨办法，把自己这几年学茶的所遇所学所感如实讲来。我个人认为，人间追求真善美，"至善"境界太高，"唯美"需要眼力，如能做到"真"，那离美与善就比较近了。真的东西不一定都对，尤其是"真感觉"受每个人的立场、学养和喜好所限，自然会"仁者见仁智者见智"。因此，本人所写的内容，错误与不足实难避免，欢迎各界朋友们批评指正。

取名"方圆之韵"，首先是因为茶饼有方有圆，方圆代表饼茶。其次，中国文化讲"天圆地方"，讲"天地人"三才和谐，讲做人要"敬天法地"，即要如乾卦"大哉乾元，君行健"，又要如坤卦"厚德载物，直方大"。清代闽学大师李光地在《周易折中》解释说："乾为圆则坤为方，方者坤之德，与圆为对者也。"一块茶饼凝聚了天时地利人和，中国茶文化之所以魅力无穷，就是把中国传统文化融入到日常生活之中，而茶叶是最好的媒介。再者，是受台湾曾至贤老师的启发，曾老师是我亦师亦友的朋友，他的《方圆之缘——深探紧压茶世界》是我玩茶的启蒙书之一。他因饼茶而与茶结缘，我因爱上武夷岩茶之韵而走上探索饼茶之路。在中国文字中，"韵"所表达的内涵非常微妙。"韵"的本义是形容声与乐，《说文解字》："韵，和也。从音，员声。"后来扩展为一种审美标准，说成熟女性有气质叫"徐娘半老风韵犹存"；山水画画得好、书法写得好叫有"神韵"或"气韵生动";文化流传叫"大唐遗韵"等等。茶品称得上"韵"的,有武夷岩茶的"岩韵",铁观音的"官韵",凤凰单丛的"山韵"和安徽黄山猴坑太平猴魁的"猴韵"。而武夷岩茶之"岩韵"最为迷人。因此,探索武夷岩茶饼茶方方圆圆之韵味,就是一件有趣味的事。之所以叫"压制茶"而不叫"紧压茶",则是延续吴觉农先生《茶经述评》的用词。

这本书能写完,得力于许多朋友的帮助。武夷山的茶人茶农们是首先要感谢的,人数太多,不便一一列举。80多岁高龄的赵大炎老师为本书题写了书名,代表了武夷茶人对作者的厚爱和期望。台湾的宓雄老师为我搭上与台湾茶叶界联系的桥梁,久顺茶庄的阿宝兄陪我从大陆茶区走到台湾茶区,访师问友,收获良多。香港茶艺乐园的陈国义老师是我学习普洱茶的启蒙老师,他关于陈茶的鉴别收藏流通方面的知识,对武夷岩茶饼(压制)茶的发展很有借鉴作用。深圳一慈茶业的郭咏东与我为忘年之交,要不是他催得紧,这本小册子至少还要拖上半年。最后,要感谢我的家人,爱妻李明和儿子温熹,他们是我神州访茶的坚强后盾,也是我品茶的实验者。没有他们的支持,我不可能毫无后顾之忧地在崇山峻岭中与"茶"对话。茶给了我们健康,启发了思想,带来了欢乐。希望更多的朋友尤其是青年朋友们,能从博大的中国茶文化中吸取营养,陶冶性情,享受欢愉。

卯年腊月于香港深湾畔羽童茶屋

参考文献：

1. 吴觉农 主编·茶经述评·中国农业出版社
2. 陈彬藩 主编·中国茶文化经典·光明日报出版社
3. 郑宗凯 朱自振 主编·中国历代茶书汇编·香港商务印书馆
4. 陈橼·茶叶通史
5. 萧天喜 主编·武夷茶经·科学出版社
6. 岗仓天心（日本）·茶之书·台湾五南出版
7. 台北故宫博物院·也可以清心——茶器茶事茶画
8. 曾自贤（台湾）·方圆之缘——探索深深的紧压茶世界·台湾
9. 裘纪平·宋茶图典·浙江摄影出版社
10. 于良子·茶事百味·浙江摄影出版社
11. 刘勤晋·中国普洱茶之科学读本·广东旅游出版社
12. 黄贤根·武夷茶说·福建人民出版社
13. 林治·武夷茶话·世界图书出版社
14. 叶启桐·名山灵芽——武夷岩茶·中国农业出版社
15. 巩志·中国乌龙茶·浙江摄影出版社
16. 南强·武夷岩茶·福建美术出版社
17. 周圣弘 主编·陈德华与大红袍·新译中文出版社
18. 秦威·世纪茶人张天福·福建科学技术出版社
19. 赖少波·龙茶传奇·海峡书局
20. 池宗宪（台湾）·藏茶生金·台湾艺术家出版
21. 徐肖剑·大武夷览胜·福建人民出版社
22. 张恒·武夷船棺·文物出版社
23. 王玲·中国茶文化·九州岛出版社
24. 张美娣 沈冬梅等编着·茶道茗理·上海人民出版社
25. 曾楚南 叶汉钟·潮州工夫茶·暨南大学出版社
26. 秦春燕·问茶·山东画报出版社
27. 玛丽·兹班登·品茶·三联书店
28. 艾瑞丝·麦克法兰 艾伦·麦克法兰（英国）·绿色黄金·汕头大学出版社
29. 罗伊·莫克塞姆（英国）·茶·三联书店
30. 钟伟民·茶叶与鸦片·三联书店